일본 해상자위대,
과거의 영광 재현을 꿈꾸는가

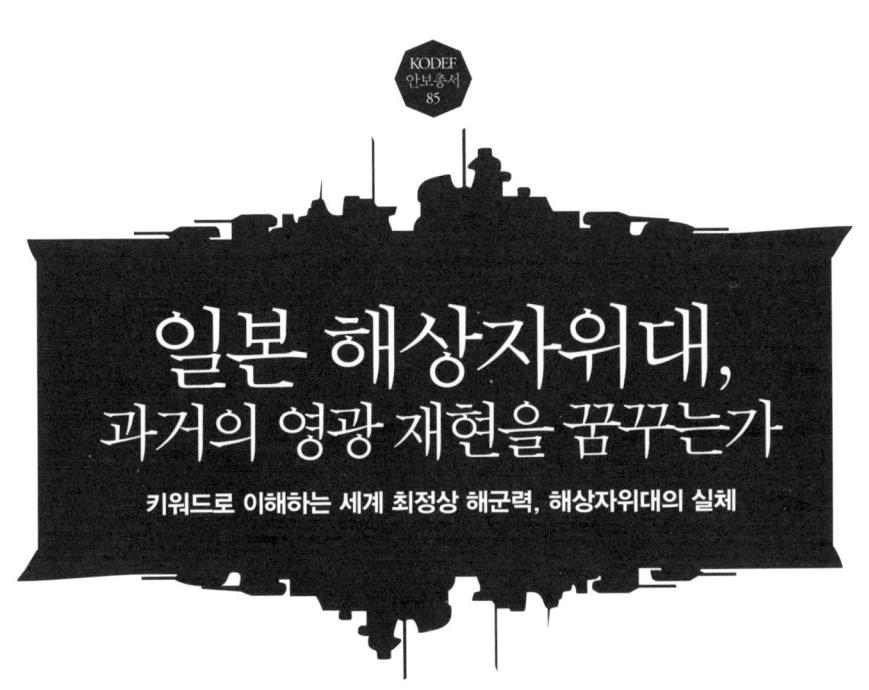

일본 해상자위대, 과거의 영광 재현을 꿈꾸는가

키워드로 이해하는 세계 최정상 해군력, 해상자위대의 실체

류재학·배준형 공저

＊ 이 책의 내용은 저자들 소속 기관의 공식 의견이 아닌 저자들의 개인 견해임을 밝혀둡니다.

| 프롤로그 |

변화하는 일본 군사력의 핵심, 해상자위대에 대해 얼마나 알고 있는가

일본은 제2차 세계대전 패망 이후 평화헌법과 전수방위專守防衛로 상징되는 부전不戰과 방어 중심의 자위대自衛隊를 창설한다. 그 배경에는 패전 후 미국 맥아더Douglas MacArthur 사령관의 점령정책에 의해 강제된 면도 있었지만, 군국주의의 말로末路와 전쟁의 비참함을 경험한 일본 국민 스스로가 군대에 이골이 났기 때문이기도 했다.

여하튼 일본군은 자의 반 타의 반으로 70여 년간 자취를 감추었고, 자위대라는 군대도 아니고 경찰도 아닌 조직이 군을 대신하여 일본의 방위를 책임지고 있다.

최근 일본은 집단적 자위권 행사를 가능하게 하는 안보법률을 개정했다. 이에 대해 주변국은 일본이 전쟁 가능한 국가로 바뀌는 것이 아닌지 우려하고 있다. 자위대의 해외 임무도 확대될 것이 자명하다. 더욱 우려스러운 것은 일본 국민의 반대와 아베安倍晋三 정권의 지지율 하락에도 불구하고 보통국가를 향해 흔들림 없이 직진하는 일본의 정치다.

주도면밀한 국가 일본은 자국의 이익과 국가 영향력 확대를 위해 주변의 안보 상황을 민첩하게 활용하고 있다. 중국의 해양굴기海洋堀起(바다에서 일어선다는 뜻으로, 중국의 해양자원 확보, 해군력 강화 정책을 말함)와 북한의 위협은 일본 군사력 강화의 좋은 구실이 되고 있다.

2016년 1월 6일, 일본은 북한이 4차 핵실험을 감행하자, 불과 70분 만에 국가안전보장회의NSC를 신속히 소집했다. 이 때 일본 총리 관저로 다급히 뛰어가는 일본 방위상 나카타니 겐中谷元의 모습은 군사강국을 향한 일본의 빠른 발걸음을 여실하게 보여주었다.

불과 70여 년 전만 하더라도 일본은 제국주의 열강들과 어깨를 나란히 하던 최강의 군사력을 보유했다. 세계 최강국인 미국과 치열한 전쟁을 벌였으며, 당시 전함과 항공모함, 잠수함, 전투기 등을 자체적으로 건조·제작할 만큼 세계 최고 수준의 기술력을 자랑했었다.

최근에는 자위대라는 명칭이 무색해질 만큼 보통국가를 향한 행보에 가속이 붙었다. 이는 놀라운 일이지만, 전혀 예상치 못한 일은 아니다. 이미 오래전부터 국제안보 전문가들은 이러한 일본의 안보 변화를 예측했고, 실제로 방위청에서 방위성으로의 승격, 일본판 NSC 출범, 집단적 자위권 행사를 위한 법제 개정, 일본 안보의 근간인 평화헌법마저 개정하겠다는 주장 등이 이어졌다.

또한 일본은 막강한 자위대의 군사력을 앞세워 미국과의 동맹을 더욱 굳건히 하며 남중국해에서 중국을 견제하기 위해 방위협력을 강화하고 있으며, 한국과는 정보보호협정 체결, 상호군수지원 등 상향된 군사협력을 요청하는 등 자신감 넘치는 행보를 펼치고 있다. 그리고 미국을 포함한 서방 주요국이 집단적 자위권 행사를 반색하며 일본의 국제적 역할 확대를 요구하는 정세는 일본의 군사력 강화에 한몫 거들고 있다.

2016년 4월, 미국의 민간 군사력 평가 기관인 글로벌 파이어파워Global Firepower, GFP에 따르면, 일본의 군사력 순위는 지난해 9위에서 올해 7위로 상승했다. 또한 20년 이상 장기간의 경제불황과 인구고령화에 따른 사회복지 예산 소요의 증대로 방위비 예산이 줄어들 법한데도, 아베 정권부터는 오히려 방위비 예산이 꾸준히 확대되고 있다. 2016년 방위비 예산은 4년째 증액되어 사상 최고치다. 전쟁을 하지 않겠다는 나라의 군사력 순위가 올라가고 방위비 예산이 증액되는 상황은 상식적으로 이해하기 쉽지 않다.

다른 한편으로 일본은 경제성장 둔화가 장기화되면서 고도성장 시절의 자신감을 상실했고, 미래 전망도 밝지만은 않다. 이러한 상황에서 강한 군사력을 바탕으로 힘 있는 일본으로 거듭나는 것은 잃었던 자신감을 되찾고 내부적으로 결속을 다지는 효과적인 방법이다. 여러모로 일본의 군사강국화는 거스를 수 없는 시대적 흐름으로 보인다.

그러나 침략받은 상처와 역사적 감정이 아직 아물지 않은 우리에게 일본의 군사력 강화가 결코 반갑지만은 않다. 그렇다 하더라도 피할 수 없는 추세라고 본다면, 국제정세를 냉정하게 보아야 할 것이다. 일본은 우리나라와 민주주의, 자유시장주의를 공유하고 있고 미국을 동맹으로 하고 있어 군사협력 대상으로서 가치가 높다. 특히, 평시 북한에 대한 억지력을 높이고 한반도 유사시 대응 역량을 강화하기 위한 일본과의 군사협력이 유용하다는 평가도 많다.

그러나 일본과의 군사협력에 대한 우리 국민의 공감대가 아직 형성되지 않았고 오랜 역사적 반목이 해소되지 않는 한, 짙은 구름에 휩싸인 언덕길처럼 그 앞을 내다보기가 쉽지 않다.

이와 같이 우리나라의 안보와 밀접한 관계를 가진 일본, 그 변화하는 일본의 군사력에 관하여 우리는 얼마나 알고 있는가? 이 책은 바로 이러한 문제의식에서 시작되었다.

이 책은 일반 독자들에게 오늘날의 일본의 국가전략과 군사력의 핵심 요소인 해군력, 즉 해상자위대海上自衛隊에 대한 이해를 넓혀줄 것이다. 일본은 4면이 바다인 지정학적 특성상 해상교통로海上交通路가 곧 국가의 생명선으로 해양안보가 국가안보의 핵심이다. 그 중심에 해상자위대가 있다. 집단적 자위권 행사에 따른 해외에서의 무력 사용을 가능하게 하는 주된 수단이 해상자위대이기 때문이다. 특히 해상자위대는 세계 제2위의 해군력으로 평가받고 있다.

일본 유학 시절 서점가에서 놀란 적이 있다. 아직도 옛 일본 해군을 주제로 한 서적들이 독자들의 관심을 끌고 있고, 해상자위대에 관한 책과 잡지의 종류가 다양했기 때문이다. 전쟁하지 않는 나라 일본조차도 해군력에 대한 관심이 이렇게 큰데, 우리의 현실은 그렇지 못한 것이 못내 아쉬웠다.

이 책은 주제의 무거움을 덜고 독자들이 흥미를 갖고 일본의 해군력을 이해할 수 있도록 키워드를 선정하여 내용을 정리했다.

1장에서는 섬나라 일본의 해양사상을 살펴보고 해양전략의 핵심을 알아본다. 2장에서는 미국 해군과도 결전을 벌였던 옛 일본 해군의 탄생부터 패전까지, 그리고 해상자위대로 이어지는 역사를 주요 키워드로 설명했다. 3장에서는 전후戰後 자의 반 타의 반으로 탄생하여 오늘날까지 세계 최상급의 전력으로 발전해온 해상자위대의 실체를 파악한다. 4장은 일본 해군의 전통·정신과 해상자위대 문화를 살펴본다. 마지막으로 5장에서는 일본이 안고 있는 해양갈등 현황을 짚어본다.

이 책이 우리의 잠재적 위협이자 동시에 협력의 대상이기도 한 일본 해상자위대에 대해 올바로 이해하고 해군력의 중요성을 인식하는 계기가 되기를 바란다.

2016년 5월

류재학·배준형

프롤로그 • 5

CHAPTER 1 _ 일본의 해양사상과 전략 • 13

KEYWORD 01 _ 세계 6위의 바다 대국, 해국일본 • 15

KEYWORD 02 _ 해양교통로 보호: 1,000해리 바닷길을 지켜라 • 20

KEYWORD 03 _ 3해협 봉쇄: 소련의 태평양 진출을 막아라 • 27

KEYWORD 04 _ 일본판 A2AD: 중국의 바다 지배에 맞서다 • 32

KEYWORD 05 _ 집단적 자위권 행사: 이제는 세계 어느 바다에서도 힘을 사용한다 • 40

CHAPTER 2 _ 해상자위대의 전신, 구 일본 해군의 흥망과 부활 • 49

KEYWORD 06 _ 과거의 영광, 언덕 위의 구름 • 51

KEYWORD 07 _ 진주만 공습과 태평양전쟁의 서막: "도라 도라 도라" • 59

KEYWORD 08 _ 태평양전쟁의 터닝포인트: 일본의 운명을 가른 미드웨이 해전 • 67

KEYWORD 09 _ 거함거포주의와 함대결전사상의 명암: 비운의 전함 야마토 • 75

KEYWORD 10 _ 일본이 자초한 태평양전쟁의 말로: 자살 특공대, 가미카제 • 82

KEYWORD 11 _ Y위원회: 어제의 적과 해군을 창설하다 • 88

KEYWORD 12 _ 제국해군에서 자위함으로 부활한 와카바 • 94

CHAPTER 3 _ 해상자위대의 실체 • 97

KEYWORD 13 _ 탄탄한 조직, 해상자위대 • 99

KEYWORD 14 _ 세계 탑 클래스, 최첨단·다기능 전력: 수상함 • 103

KEYWORD 15 _ 어디까지 진화하나, 최정상급 잠수함 • 124

KEYWORD 16 _ 잠수함 잡는 최선봉, 항공기 • 132

KEYWORD 17 _ 실전 경험을 겸비한 최고의 실력자, 소해함 • 147

KEYWORD 18 _ 주요 기지를 통해 본 해군력: 일본 해역을 관할하는 5개 지방대 • 157

KEYWORD 19 _ 8·8 함대, 시대를 넘어 실현되다 • 170

KEYWORD 20 _ 세계 최고 클래스, 대잠전 파워 • 176

KEYWORD 21 _ 세계 유일의 항공모함형 호위함 운용 • 183

KEYWORD 22 _ 방위예산의 우선 순위, 해군력 • 189

KEYWORD 23 _ 제4의 군(軍), 해상보안청 • 192

KEYWORD 24 _ 별에서 사쿠라로 바뀐 계급장 • 197

KEYWORD 25 _ 호위함을 살피다: 함정 조직과 편성 • 199

CHAPTER 4 _ 해상자위대 문화 • 205

KEYWORD 26 _ 침략의 상징 욱일기가 자위함기로 • 207

KEYWORD 27 _ 자위함정에는 위인 이름이 없다 • 211

KEYWORD 28 _ 관함식: 해군력 증강 필요성을 어필할 수 있는

해상자위대의 가장 큰 이벤트 • 215

KEYWORD 29 _ 해양사가 담긴 일본 해군 카레 • 218

KEYWORD 30 _ 해군 전통을 계승하는 5성(省), 3S 정신 • 223

CHAPTER 5 _ 일본의 해양갈등 • 225

KEYWORD 31 _ 중일 갈등의 최전선, 센카쿠 열도 • 227

KEYWORD 32 _ 쿠릴 열도, 패전 후 러시아 영토로 • 232

부록 • 235

1. 일본 방위정책의 기본이념 • 237

2. 일본 자위대 병력 현황 • 238

3. 방위장비이전 3원칙 • 239

4. 미일 방위협력지침 (2015년 4월 27일) • 244

5. 일본 해상자위대 관함식 아베 총리 훈시문 (2015년 10월 18일) • 273

6. 일본 방위대학교 졸업식 아베 총리 훈시문 (2016년 3월 21일) • 280

KEYWORD 01
세계 6위의 바다 대국, 해국일본

바다를 빼놓고는 일본을 말할 수 없다. 해국일본海國日本이라는 말은 일본에서 자주 쓰는 표현으로 한자 그대로 4면이 바다로 둘러싸인 '바다의 나라'라는 의미다.

바다를 바라보는 시각도 우리와 조금 다르다. 단적인 예가 일기예보다. 우리나라의 경우, 바다 날씨 예보에서는 동해의 바다 물결은 2~3미터, 서해는 1~2미터 등으로 간략한 정보를 제공하지만, 일본은 디테일하다. 일본 바다 날씨에는 우리에게는 낯선 파도의 방향을 가리키는 화살표가 수없이 표시된다. 바다 물결도 일률적으로 나타내지 않는다. 그리고 비교적 예보가 정확하다. 우리나라 해역도 포함되어 있어 실제로 함정을 타고 바다로 출동해보면 적중률이 높아 개인적으로 참고할 정도다.

바다는 일본인에게 매우 친숙하다. 지형적으로 일본은 거대한 바다 대국大國이다. 일본 열도의 남동 방향은 광활한 태평양을 향하고 있다. 일본의 최동단 미나미토리시마南鳥島, 최남단 오키노토리시마沖の鳥島 등은 우리나라의 최동단 독도와 최남단 이어도와 스케일 면에서 확연히 다르

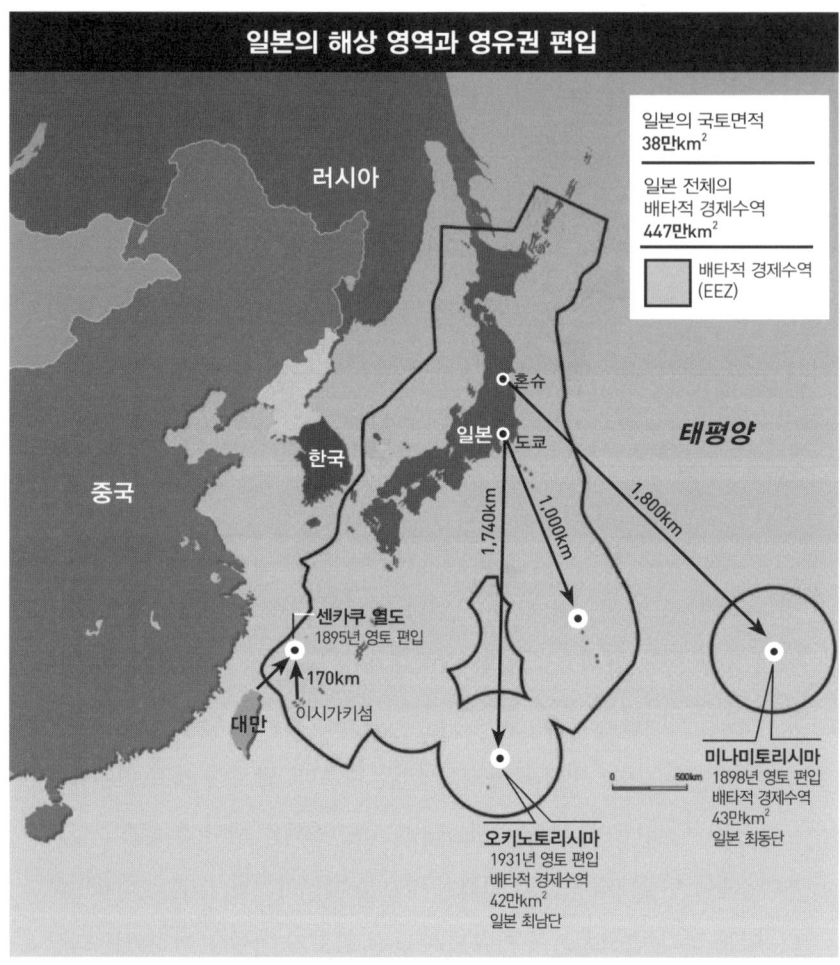

다. 광활한 바다 영토를 가진 일본은 배타적 경제수역EEZ, Exclusive Economic Zone을 국가영토로 포함한다면 그 면적이 세계 제6위다.

그뿐만이 아니다. 일본은 수출입 물동량의 99.7%가 해상에 의존하고 있으며, 2007년에는 내각에 종합해양정책본부를 설치해 해양행정 조직과 기능을 통합했다. 또한 국민들에게 바다의 중요성을 일깨우기 위해 세계에서 유일하게 '바다의 날'을 국가공휴일(7월 셋째 주 월요일)로 지정했다.

군대도 아닌 일본의 해상자위대는 전력 규모와 능력 면에서 세계 제2위의 해군력으로 평가받고 있다. 일본 국민들의 해상자위대에 대한 애정도 남다르다. 운 좋게 참관한 2015년 해상자위대 관함식(바다에서 거행하는 열병식)에는 1만 명 참가자 모집에 16만 명이 응모했을 뿐만 아니라 함정에 타기 위해 새벽부터 줄 서는 것은 물론, 멀리서 온 사람들이 전날 인근 호텔에서 숙박하여 방이 동이 날 정도였다.

이론적으로 대륙국가와 해양국가를 구분하는 기준은 명확하지 않으나, 영국을 해양국가라 하고 독일을 대륙국가라고 하는 데 크게 이의가 없을 듯싶다. 그 구분은 일반적으로 국가의 지리적인 위치, 자원의존도, 해양에 대한 국민 및 정부의 성향, 군사사상 등을 고려하여 판단한다. 여하튼 지금의 일본은 해양국가로 불릴 만하다.

그러나 역사 속 일본은 의외라고 할 만큼 해양국가에 걸맞지 않았다. 해양 진출의 역사는 찾기 힘들며 역사상 해전에서는 연패를 거듭했다. 663년 나당 연합군에 맞선 백제 부흥군을 돕기 위해 당시 왜는 전함 1,000여 척과 병력 2만 7,000여 명의 대규모 파병을 실시했으나, 백촌강(지금의 금강)에서 전패했다. 이는 이후 일본이 신라와 한반도에 대한 원한을 품고 『일본서기』와 『고사기』를 통해 한반도 역사를 왜곡하는 시발점이 되었다는 설도 있다. 다음으로 조선시대 도요토미 히데요시豊臣秀吉의 조선 출병은 충무공 이순신의 수군에 의해 처참한 패전으로 끝났다. 이로 인해 도요토미는 멸문당하게 되고, 훗날 권력을 잡은 도쿠가와 이에야스德川家康는 바다를 향한 마음을 접고 쇄국정책으로 전환하게 되었다.

그러나 메이지 유신明治維新 이후 바다를 통해 국력이 급성장한 일본은

메이지 유신 이후 바다를 통해 국력이 급성장한 일본은 청일전쟁과 러일전쟁에서 해군력에 힘입어 연이은 승리를 거둔다. 사진은 러일전쟁 승전 후 개선하는 장면 〈CC BY-SA 4.0〉

청일전쟁과 러일전쟁에서 해군력에 힘입어 연이은 승리를 거둔다. 그 기세를 몰아 해양국가 미국에 도전하나 태평양전쟁의 패배는 국가를 패망에 이르게 한다. 청과 러시아는 사실상 대륙국가에 가까운 나라로 볼 수 있다. 일본은 해양국가와의 싸움에서는 모두 전패한 셈이다.

최근에는 도쿄에서 1,700km 가량 떨어진 '오키노토리시마'에 산호초를 복원한다는 뉴스가 화제였다. '오키노토리시마'는 막상 가보면 실체가 없고 동그란 인공구조물 3개에 사각구조물 하나뿐인 $9m^2$ 면적의 인공섬이다. 일본은 1996년에 이 섬을 기준으로 배타적 경제수역을 산정했다. 일본은 오키노토리시마 인정을 통해 배타적 경제수역을 확대하여 대륙붕에 묻힌 지하자원 개발과 중국의 군사활동을 견제하기 위한 전략적 요충지로 활용하고자 하는 목적을 가지고 있다.

물론 이 섬을 국제사회에서 승인할 리 만무하다. 오히려 일본의 이런 억지 주장으로 중국의 난사군도南沙群島 인공섬을 불법이라고 말하기 곤란해질 수 있다는 일본 내 주장도 있지만, 일본 정부의 의지는 강력하다고 한다. 지금의 일본이 선진국으로 발전하기까지는 해양국가를 향한 노력이 있었기 때문임은 부정할 수 없는 사실이다.

우리는 어떠한가? 역사 속에서 우리 민족은 반도국가를 넘어서는 해양정신이 살아 있었다. 장보고대사는 9세기 완도에 청해진을 설치하여 해적을 소탕하고 동아시아 바다를 장악하여 해상무역을 발달시켰고, 고려를 건국한 왕건은 바다를 통한 무역과 수군력으로 부국강병을 이룩했다. 충무공 이순신은 더 이상 말할 필요가 없다.

주변국은 해양에서의 국가이익을 보호하기 위해 경쟁적으로 해양력 강화에 힘을 쏟고 있다. 특히 일본과 중국이 가장 대표적인 국가다. 현실적으로 국력과 경제규모 면에서 이들 국가를 따라잡기는 어렵다. 하지만 해양력 강화를 위한 국가정책과 역량이 뒤처진다면 국가의 생존과 번영을 담보할 수 없다.

그러기에 우리에게는 욕심 부리는 것처럼 보이는 일본의 해양강국을 향한 의지와 노력은 많은 것을 시사해준다.

KEYWORD 02
해상교통로 보호:
1,000해리 바닷길을 지켜라

4면이 바다로 둘러싸인 섬나라이자 자원이 부족한 일본은 국가의 생존을 위해 필요한 자원과 물자 대부분을 해외로부터의 수입에 의존하고 있고, 해외 무역의 90% 이상이 해상을 통해 운반된다.

그러나 일본으로 각종 자원이나 물자를 운반하는 유조선, 화물선 등이 공격을 받아 해상수송이 차단되는 사태가 벌어지면, 일본에 치명적일 수밖에 없다. 따라서 해상교통로 방어는 일본의 안전보장에 사활적인 요소다.

이러한 지정학적 위치와 국가 경제의 특성으로 인해 해상자위대는 가장 중요한 임무로 해양을 통한 침략으로부터 일본 영토를 방위하는 것과 함께 일본을 둘러싼 해양의 해상교통로를 보호하는 것을 꼽고 있다. 일본 방위성은 매년 발간하는 『방위백서』에 "해상교통의 안전을 확보하는 것이야말로 일본의 생존에 가장 중요한 것일 뿐만 아니라, 위기상황 시 대응력을 유지하고 동맹국 미국으로부터 군사력을 지원받을 수 있는 지름길이다"라고 항상 명시하고 있다.

일본의 해상교통로는 크게 미주 대륙으로부터 태평양을 통해 오는 항

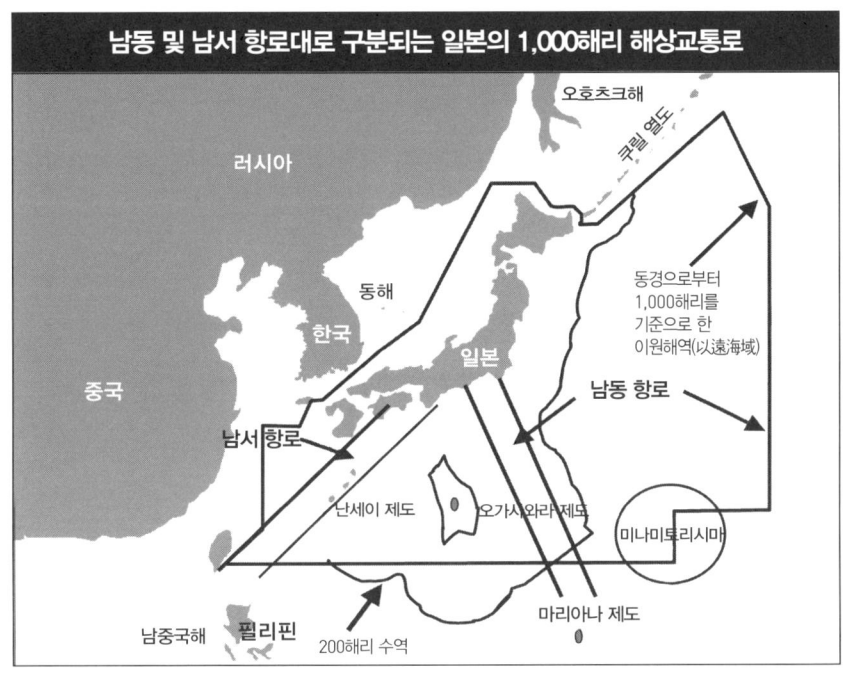

로와 중동, 아시아, 오세아니아로부터 오는 항로로 구분할 수 있다. 일반적으로 전자를 남동 항로대, 후자를 남서 항로대로 부른다. 일본 해상교통로의 지리적 범위가 어디까지인가에 대해서는 특정하기 어렵지만, 해상자위대는 남동 또는 남서 항로대에 대해 약 1,000해리(약 1,850km, 우리나라 휴전선의 7배 정도의 길이) 정도의 해역까지 해상교통로를 보호하는 것을 목표로 해왔다. 1,000해리는 남동 항로대에서는 도쿄에서 괌까지, 남서 항로대에서는 오사카에서 대만해협에 이른다.

1,000해리 해상교통로 방위 개념은 1980년대 초반부터 등장했다. 당초 전후 1950년대부터 1960년대 자위대의 주요 임무는 일본에 대한 직간접적인 공격으로부터 일본 본토를 방어하는 것에 치중되어 있었으며, 해상자위대의 임무도 이러한 범위를 크게 벗어나지 않았다. 이후 일본

경제의 급속한 성장과 무역 규모의 확대에 따라 해상교통로 보호의 중요성이 부각되었다. 1980년대 초 미국의 레이건Ronald Reagan 정권이 미일동맹 체제 하에서 일본 방위를 위한 역할 분담을 일본에 요청하면서 1,000해리 해상교통로 방위는 구체화되었다.

1982년 5월 미국을 방문한 일본의 스즈키鈴木善幸 총리는 레이건 대통령과의 공동성명에서 동아시아의 안전을 확보하는 수단으로서 해상교통로 방위를 위한 일본의 역할을 확대할 것이며, 1,000해리 해상교통로 방위가 일본 방위정책의 중요한 한 부분이 될 것임을 강조했다. 나아가 스즈키 총리의 후임인 나카소네中曾根康弘 총리도 1983년 1월 미국을 방문하여 일본의 해상방위 영역은 수백 해리가 더 확대되어야 하며 괌과 대만해협을 연결하는 선의 범위까지 해상교통로를 방위하는 것이 바람직하다고 밝혔다. 바로 이때부터 1,000해리 해상교통로 방위가 일본의 공식 정책으로 등장했고, 같은 해 일본 정부가 발간한 『방위백서』에 1,000해리 해상교통로 방위를 해상자위대의 가장 중요한 임무로 명시했다.

일본의 해상교통로 방위의 전략적 배경은 1970년대 말 중동지역의 정세 변화와 이에 대응하려는 미국의 해양전략과 관계가 깊다. 1979년 중동에 인접해 있는 아프가니스탄에 대한 소련의 군사적 개입은 중동지역을 세계에서 가장 긴장감이 높은 지역으로 만들었고, 동서관계를 결정적으로 악화시켰다. 이로 인해 미국은 중동-인도양에서 미소 간의 군사적 충돌이 일어날 가능성이 매우 높다고 인식하고, 이것이 아시아, 유럽으로도 파급될 것으로 판단했다.

이에 따라 미국은 중동 및 인도양 지역의 안전 확보에 가장 역점을 두고 이 지역에서 미소 간에 군사적 충돌이 발생할 경우 인도양에 항공모함을 집중 투입함과 동시에, 유럽에서 GUIK 라인(그린란드, 아이슬란드,

영국을 잇는 선)에서 소련의 해·공군을 봉쇄하여 대서양으로의 진출을 차단하고, 아시아에서는 캄차카 반도 및 쿠릴 열도를 해·공군력으로 공격하여 극동 소련군을 무력화시킨다는 전략을 수립했다. 이에 따라 일본에 배치되어 있던 극동 미 해군 부대와 하와이 또는 미국 본토로부터 증원되는 부대는 그 행동반경이 중동-인도양까지 확대되었다.

결국 일본의 1,000해리 해상교통로 방위는 이러한 미국의 해양전략에 따라 극동 소련군의 위협에 공동으로 대처하고, 행동반경이 중동 및 인도양까지 확대된 극동 미 해군을 보완하고 동시에 일본의 생명선인 해상교통로의 안전 확보를 위한 것이었다.

1,000해리 해상교통로 방위가 미국의 해양전략과 일본에 대한 역할 분담 요청을 근간으로 하여 만들어진 만큼, 1,000해리 해상교통로 방위는 미일동맹체제에 입각하여 미국과 연합으로 실시하는 것을 기본으로 한다. 구체적으로는 해상자위대가 일본의 해상교통로에서 대잠전, 선박 호송 작전, 중요 항만이나 해협의 방어 작전을 주로 수행하고, 미 해군은 해상자위대가 실시하는 작전을 지원하며, 필요에 따라 항모기동부대의 타격 능력을 이용하여 일본의 해상교통로에 대한 위협 또는 공격을 직접 격퇴한다.

일본은 이와 같은 해상교통로 방위를 수행할 해상 전력의 확보를 1980년대 후반부터 본격적으로 추진한다. 대잠전과 해상방공 능력의 강화가 핵심이었다. 사실 해상교통로에 대한 가장 큰 위협은 잠수함이며, 오래전부터 해상교통로 보호는 선박을 잠수함 위협으로부터 방어하는 것을 의미했다. 해상자위대는 이때부터 호위함에 각종 음파탐지기(소나SONAR)와 대잠무기를 탑재하고 다수의 대잠헬기를 운용하는 체계를 구축하는 등 대잠전 능력 강화를 추진하기 시작했고, 이는 오늘날까지도

 세계 최고 수준의 대잠전 능력을 유지하는 토대가 된다. 해상자위대의 대잠전 능력에 대해서는 제3장에서 구체적으로 살펴보도록 하겠다.

 대잠전 능력과 함께 해상방공 능력 또한 중시되었다. 항공모함 전력을 보유할 수 없는 해상자위대가 원해에서 함대나 선단을 대공위협으로부터 어떻게 방어할 것인가가 당시 큰 문제로 부각되었는데, 이는 일본 본토에서 1,000해리까지 떨어진 먼 해역은 항공자위대 전력이 대공방어

2015 미일 연례합동훈련(Keen Sword) 중 일본 근해를 항해하는 일본 해상자위대 호위함 사자나미(DD-113)(오른쪽)와 미 해군 구축함 존 S. 매케인(USS John S. McCain)(DDG-56)(왼쪽)
〈Public Domain〉

를 제공할 수 있는 범위를 벗어나기 때문이다. 이에 따라 일본은 1,000해리에 달하는 먼 해역에서 해상교통로를 방위하는 함정을 대공위협으로부터 보호할 수 있는 체계로서 이지스 호위함을 도입한다. 일본은 이미 1990년대에 곤고급 이지스함 4척을 확보하여 미국에 이어 세계에서 두 번째로 이지스함을 보유한 국가가 되었다. 또한 모든 호위함에 함대공유도탄과 근접방어무기체계(CIWS)를 탑재하여 자함(自艦) 방공 능력을 강

CHAPTER 1 _ 일본의 해양사상과 전략 | 25

일본은 1,000해리에 달하는 먼 해역에서 해상교통로를 방위하는 함정을 대공위협으로부터 보호할 수 있는 체계로서 이지스 호위함을 도입한다. 일본은 이미 1990년대에 곤고급 이지스함(사진) 4척을 확보하여 미국에 이어 세계에서 두 번째로 이지스함을 보유한 국가가 되었다. ⟨Public Domain⟩

화했다. 이 또한 오늘날까지 해상자위대 함정들이 우수한 대공방어 능력을 갖추고 있는 근간이 되었다.

1980년대 스즈키 총리가 1,000해리 해상교통로 방위를 선언할 때만 하더라도 주변국이 경악을 금치 못했던 일본의 전략은 오늘날에도 변함없이 중요시되고 있다. 지금은 말라카 해협은 물론 인도양 등 세계 곳곳의 바다에서 타국 해군과 협력하며 그 영향력을 확대하려고 하고 있다. 앞으로도 해상교통로 보호는 해양국가 일본의 생존과 안전을 보장할 핵심 전략으로서의 위치가 결코 변하지 않을 것이다.

KEYWORD 03
3해협 봉쇄: 소련의 태평양 진출을 막아라

 3해협은 일본 열도에 접근할 수 있는 3개 주요 해협인 소야宗谷 해협, 쓰가루津輕 해협, 쓰시마対馬 해협을 의미한다. 냉전기 일본은 구소련의 위협에 대응하기 위해 유사시 이 3해협을 봉쇄할 수 있는 능력 확보를 해상방위 전략의 핵심으로 정했다.

 일본 열도는 극동지역에서 대륙세력과 해양세력이 서로 접하는 위치에 자리잡고 있고, 구소련의 태평양함대가 있는 블라디보스토크에 매우 근접해 있다. 이러한 지정학적 위치로 인해 일본의 3해협은 냉전기 극동지역에서 동서진영의 최접점이자, 구소련 해군이 태평양으로 나아가기 위한 해상통로였다. 한편 일본에게 있어 3해협은 소련의 태평양함대가 동해로부터 태평양으로 나아가는 것을 저지할 수 있는 전략적 요충지였다.

 반대로 소련에게 있어 일본의 3해협은 지정학적인 장애요소였다. 소련의 태평양함대는 태평양, 인도양 방면에서 작전을 끝내고 기지로 돌아올 경우에 반드시 3해협 중 하나를 통과해야 했다. 만일 소련이 3해협을 통제할 수 있게 되면, 동해 및 오호츠크해는 소련의 호수가 되어 자국 방위에 매우 유리하게 될 뿐만 아니라, 원해遠海로의 진출로를 확보하게 되

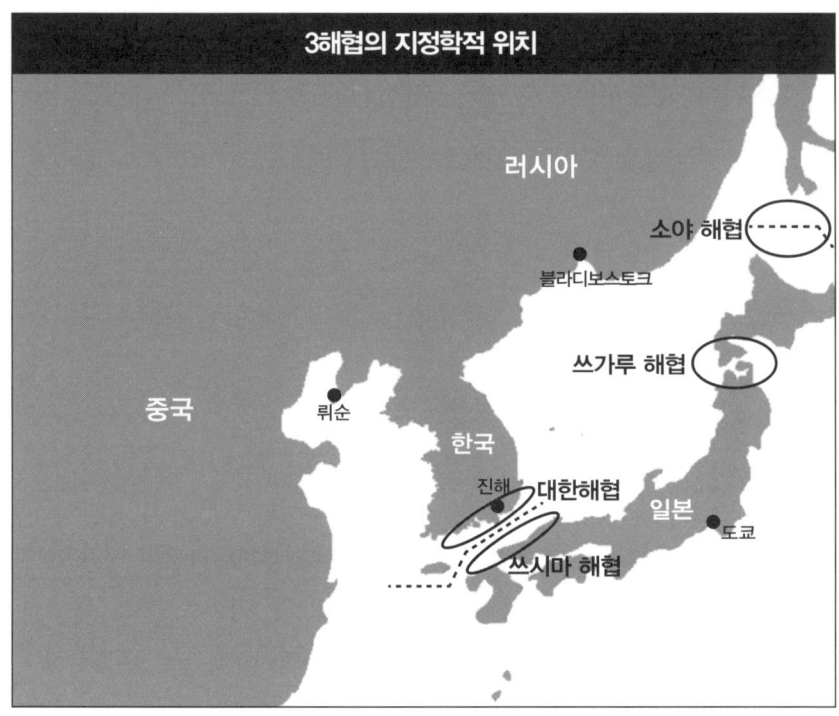

므로 소련은 극동아시아 및 서태평양에서 전략적으로 매우 유리한 위치에 설 수 있게 된다.

따라서 일본에게 3해협 봉쇄는 태평양 전체의 전략 환경을 좌우할 수 있는 것이며, 동시에 3해협의 방위태세를 구축하는 것 자체가 전쟁 억지력에 기여하는 것으로 인식되었다.

일본은 3해협인 소야 해협, 쓰가루 해협, 쓰시마 해협 가운데서도 특히 소야 해협의 방위를 가장 중시했다. 소야 해협이 동해와 오호츠크해를 연결하는 지점에 위치하는 전략적 가치 때문이다. 블라디보스토크에서 캄차카 반도에 이르는 소련의 병참선은 소야 해협을 경유해야 했고, 소련의 SSBN(Ballistic Missile Submarine: 탄도미사일 탑재 원자력 잠

항해 중인 소련의 타이푼급(Typhoon class) SSBN 〈Wikipedia / Bellona Foundation〉

수함)이 블라디보스토크 기지에서 원해로 진출할 경우에도 소야 해협을 경유해야만 했다. 즉, 소야 해협은 소련 태평양함대의 태평양 진출뿐만 아니라, 핵 전략을 수행해야 하는 경우에도 반드시 경유해야 하는 전략적 해상통로였다. 소련이 동해와 오호츠크해에서 제해권과 제공권을 확보하게 되면, 동해에서 소야 해협을 거쳐 오호츠크해로 이어지는 SSBN의 태평양 진출로를 확보하게 된다. 이는 소련이 태평양에서 SLBM(Submarine Launched Ballistic Missle: 잠수함 발사 탄도미사일)에 의한 핵 타격 능력을 확보하게 되는 것을 의미했다.

이러한 의미에서 일본과 미국은 소야 해협의 봉쇄가 갖는 전략적 가치를 매우 높이 평가했고, 이와 함께 겨울철 소야 해협이 결빙될 때에는

소련의 Tu-22M 백파이어 폭격기. 3해협 봉쇄와 함께 소련의 위협에 대응하기 위해 일본이 중시한 또 하나의 전략은 해상방공 전략이었다. 소련은 1970년대 말부터 백파이어 등의 폭격기를 소련의 극동지역에 집중 배치했다. 이에 따라 일본은 소련의 폭격기가 태평양 상공으로 진출하여 미 해군의 항모 기동부대를 공격하지 못하게 억지하는 것을 해상방공 전략의 핵심으로 삼았다. 〈Public Domain〉

쓰가루 해협의 봉쇄도 전략적으로 매우 중요하다고 인식했다.

3해협 봉쇄와 함께 소련의 위협에 대응하기 위해 일본이 중시한 또 하나의 전략은 해상방공 전략이었다. 소련은 1970년대 말부터 백파이어Backfire 등의 폭격기를 소련의 극동지역에 집중 배치했다. 이에 따라 일본은 소련의 폭격기가 태평양 상공으로 진출하여 미 해군의 항모 기동부대를 공격하지 못하게 억지하는 것을 해상방공 전략의 핵심으로 삼았다. 이는 해상교통로 방위와 함께 미일동맹체제 하에서 일본의 방위 역할 분담에 대한 미국의 요구에 바탕을 둔 것이다.

1980년대 중반, 나카소네 일본 수상은 미일동맹체제에 입각한 일본의 전략적 역할로서 소련의 침략에 대응하기 위해 일본 열도를 '불침항모화不沈航母化'하고, 일본 열도의 해협을 완전히 통제하여 소련 잠수함의 통과나 함정의 활동을 저지하는 동시에 해상방공 능력을 강화하는 데 전략적 초점을 맞추어야 할 것이라고 강조했다. 즉, 일본이 3해협을 통제하고 방공 능력을 강화함으로써 소련을 상시 경계·감시하고 전략무기의 사용을 억제하는 극동의 항공모함으로서의 기능을 수행하겠다는 것이었다. 이러한 전략적 인식은 1,000해리 해상교통로 방위와 그 맥을 같이하면서 역시 1980년대 이후의 해상자위대 전력 증강의 토대가 된다.

냉전의 종식과 함께 러시아로부터의 군사적 위협이 감소하면서 3해협 봉쇄의 전략적 가치는 저하되었다. 이후 3해협 봉쇄는 더 이상 일본의 해상방위 전략의 전면에 등장하지 않게 된다. 하지만 오늘날 동북아 지역이 새로운 냉전 시대로 회귀할 가능성을 부정할 수만은 없다. 미국과 중국이라는 새로운 양극의 대립이 심화되는 가운데 러시아도 군사력을 강화하며 중국과의 군사협력을 강화하고 있다. 일본이 동북아시아의 새로운 냉전 구도에서 미국의 첨병으로서 역할을 다시 강화하게 된다면, 3해협 봉쇄가 또다시 일본의 핵심 전략으로 부상하게 될지도 모를 일이다.

KEYWORD 04
일본판 A2AD: 중국의 바다 지배에 맞서다

40여 년간 세계질서를 형성해온 냉전이 종식되면서 일본의 방위 전략도 커다란 변화를 맞이하게 된다. 러시아의 힘이 감소한 대신 중국이 새로운 초강대국으로 부상하여 아시아·태평양 지역에서 영향력을 확대하고 있다. 이와 함께 해양영토와 자원을 둘러싼 영유권 분쟁이 격화되면서 중국은 일본의 가장 큰 위협으로 부상했다.

필자는 2010년 일본 유학 시절 수업과 토의 중에 거론된 중국에 대한 위협론이 상당하여 약간의 군사적 충격을 받은 적이 있다. 2010년은 세계 제2의 경제대국의 지위가 중국으로 바뀐 해였다. 단지 경제성장뿐만이 아니라, 매년 중국의 군사비 지출은 두 자릿수를 넘었다. 중국군은 재래식 전력에서 현대적인 첨단 전력으로 변모하고 있었다.

중국은 팽창된 힘을 바탕으로 아시아·태평양 지역에서 미국을 비롯한 다른 나라들의 영향력을 배제하고, 이 지역에서 자국에게 유리한 질서를 형성하기 위해 각종 전략무기를 확보 및 배치하고, 해·공군력을 중심으로 군사력을 강화해왔다. 미국은 이러한 중국의 군사력 운용 개념을 이

른바 '접근저지 영역거부A2AD, Anti-Access, Area Denial'로 정의했다. 접근저지 (A2)는 일본 열도, 오키나와 제도, 대만 동부, 필리핀 서부와 보르네오 섬을 연결하는 선을 제1도련島鏈으로 하고, 이 지역 내로 들어오는 미군을 격퇴할 수 있는 능력과 태세를 갖추는 것으로 보았다. 그리고 영역거부 (AD)는 일본의 이즈伊豆 제도, 오가사와라 제도, 괌과 사이판, 파푸아뉴기니를 연결하여 제2도련으로 하고, 중국이 이 지역 내에 들어오는 미군이 행동을 자유롭게 할 수 없도록 하는 능력과 태세를 갖추는 것으로 판단했다. 즉, 중국이 자국 영토 및 자국의 영향권 내에 있는 주변 지역에 대한 미국의 접근을 사전에 차단하고, 궁극적으로는 이 지역에서 미국의

CHAPTER 1 _ 일본의 해양사상과 전략 | 33

군사력을 완전히 배제하고자 하는 전략이다.

실제로 중국은 미국의 항공모함을 격침시킬 수 있는 능력을 확보하기 위해 항공모함 킬러로 불리는 사정거리 1,500km 이상의 둥펑東風 대함 탄도미사일을 개발했는데, 이로써 제1·2도련선 내에서는 어디라도 공격할 수 있는 사정거리를 확보한 것으로 알려져 있다. 또한 중국은 9척의 핵잠수함을 보유하고, 성능이 크게 향상된 차세대 신형 잠수함도 개발하고 있다. 항공모함도 6척 이상 보유하여 최소한 2개 항모전단을 확보할 것으로 예상된다.

한편, 미국은 A2AD로 정의되는 중국의 군사력 운용 개념 및 위협에 대한 전략으로서 공해전투ASB, Air-Sea Battle를 구상한다. 이는 냉전기 소련의 유럽 침공을 상정하여 유사시 이를 격퇴하기 위한 전략이었던 육군과 공군력의 통합운용을 통한 공육전투ALB, Air-Land Battle 전략에서 모티프를 얻은 것이라 할 수 있다. ALB 전략은 실제로 걸프전에서 막강한 화력을 이용한 공중폭격과 지상작전을 결합하여 최단 시일 내에 전쟁을 끝낸 놀라운 성과를 거두기도 했다. 이와 유사하게 ASB 전략은 극초음속 순항미사일, F-35 스텔스 전투기, 줌왈트Zumwalt급 전투함 등 해·공군 통합 전력을 중국의 도련선 내로 투사하여 중국의 A2AD를 실행할 전력들을 단숨에 무력화시킨다는 전략이다.

특히, ASB 전략은 잠수함 탑재 탄도미사일SLBM이나 항공모함의 공격기를 이용해 중국 본토에 배치된 탄도미사일 부대를 직접 타격하는 데 집중되어 있다. 그런데 중국은 미국이나 러시아 등 타 핵무기 보유국과 달리, 일반 미사일과 핵무기를 동일한 부대에서 통합하여 관리하고 있다. 이 때문에 미국의 ASB 전략은 중국의 선제공격뿐만 아니라 핵무기를 통한 반격까지 감행하게 만들 위험이 있을 정도로 지나치게 공세적

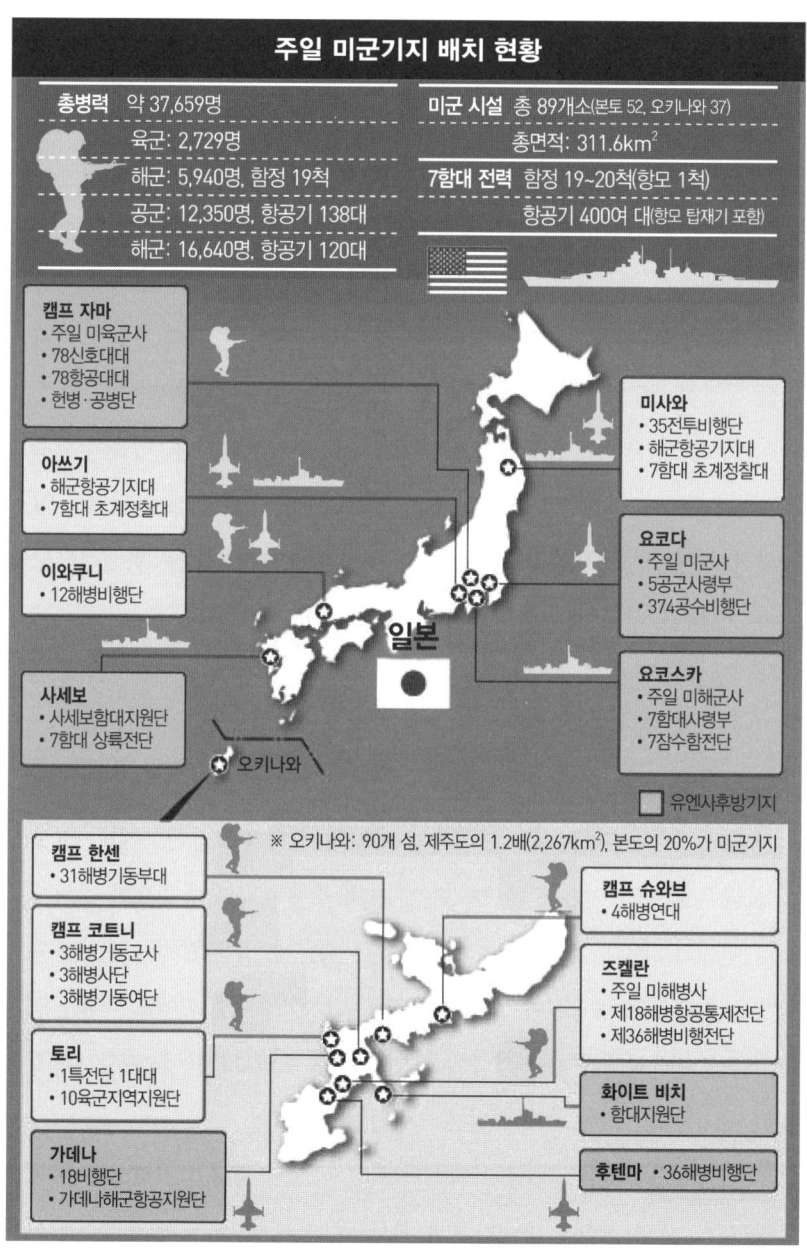

이라는 평가가 많았다.

이에 따라 미국은 ASB 전략의 대안으로 역외통제(OC, Off-shore Control) 전략을 구상한다. 이는 미군이 중국군의 해양 진출을 원천적으로 저지하고 동중국해 및 남중국해를 포함한 태평양, 그리고 인도양 등에서도 중국군이 자유롭게 행동할 수 없도록 억제한다는 전략이다. 중국 본토에 대한 장거리 타격으로 둥펑 대함 탄도미사일과 같은 중국의 A2AD 실행 전력을 직접적으로 무력화시킨다는 ASB 전략과는 다른 개념이다.

미중 간의 군사적 위기가 고조되거나 충돌이 발생할 경우, 미국이 ASB와 OC 중 어느 전략을 선택할지 가늠하기 어렵지만, 어느 전략이든 일본과의 긴밀한 군사협력 없이 미국 단독으로 수행하는 것은 현실적으로 불가능하다. 바로 여기에 미일동맹의 전략적 가치가 있다.

태평양에서 미국이 ASB나 OC 전략을 수행할 경우, 미 해군 및 공군 전력의 대부분은 불침항모로 간주되는 일본 열도를 거점으로 전개될 수밖에 없다. 또한 일본 열도에는 89개의 미군기지와 각종 군사시설이 배치되어 있다. 이곳 시설들은 일본의 자위대 전체가 보유하고 있는 것보다 많은 탄약과 연료를 저장하고 있다. 유사시 미군에게 필요한 탄약이나 연료가 대부분 이곳에 비축되어 있기 때문에, 일본은 미국의 전쟁수행을 지원하는 병참선이 될 수밖에 없다. 실제 걸프전 때에도 미일동맹의 역할분담체계에 따라 미군이 사용할 탄약과 연료를 실은 해상자위대의 수송함이 110여 차례나 일본과 중동을 오갔다.

일본은 중국의 A2AD를 저지하기 위한 미국의 전략을 지원하는 핵심 파트너로서의 역할을 수행하는 한편, 일본 자체적으로도 중국의 A2AD에 대한 대응에 박차를 가하고 있다.

먼저 해상자위대는 도쿄(T) – 괌(G) – 대만(T)의 머릿글자를 따서 이

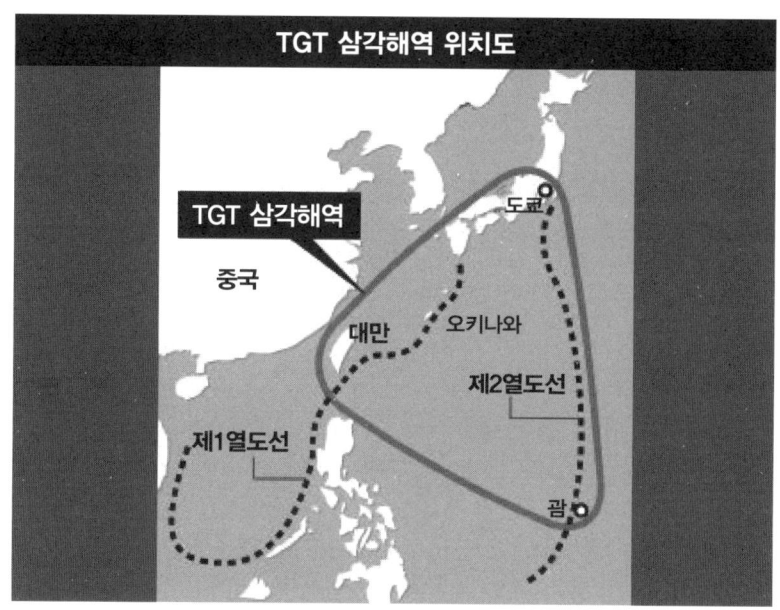

일본이 대중국 감시를 강화하고 있는 TGT 삼각해역 〈자료: 도쿄신문〉

를 잇는 삼각형 해역을 'TGT 삼각해역'으로 명명하고, 이 해역에 출몰하는 중국 잠수함의 활동에 대한 감시를 강화했다. TGT 삼각해역은 중국의 제1도련선과 제2도련선 사이에 위치해 있어 중국의 A2AD를 직접 견제할 수 있는 위치다. 해상자위대는 수상함, 항공기뿐만 아니라 잠수함을 통합적으로 운용하여 TGT 해역에 진출하는 중국 잠수함을 상시 감시하는 태세를 갖추고 있다.

또한 최근 일본은 가고시마鹿兒島 남단에서 오키나와沖繩를 지나 대만 가까이 이어져 있는 난세이 제도南西諸島 상의 200여 개 섬에 중국 해·공군의 움직임을 감시할 레이더 기지를 설치하고, 잠수함, 지대함미사일, 초계기 및 전투기 등을 배치하기 시작했다. 이 섬들은 서태평양에서 중국이 해군력을 투사하려면 중국 해군 함정이 반드시 거쳐야 하는 길목에

길게 늘어서 있다. 이 섬들을 잇는 선은 중국의 A2AD 전략의 핵심인 '제1도련선'과 정확히 일치한다. 일본은 바로 중국의 A2AD 전략의 핵심 전선을 겨냥하여 이를 무력화할 창끝을 갈고 있는 것이다. 바로 이 때문에 중국의 A2AD를 저지할 일본판 A2AD 전략이라는 평가가 나오기도 한다.

일본은 이러한 전략 구상을 구현할 전력의 확보를 적극적으로 추진하기 시작했다. 일본 자체 개발의 신형 해상초계기 P-1과 E-2D 조기경보기를 도입하고, 신형 이지스 호위함 및 리튬이온 전지 성능이 대폭 향상된 신형 소류급 잠수함을 추가 건조하기로 했다. 또한 노후화된 수상함 전력의 수명을 연장하여 연안방어용으로 운용하고, 신형 수상함들은 원해에서 중국에 대한 경계 및 대응 전력으로 집중 운용하도록 했다.

특히 일본의 잠수함은 중국 잠수함과 수상함의 활동을 거부하는 핵심 전력으로 평가되고 있다. 일본은 잠수함 보유 척수를 16척에 22척으로 늘렸으며, 노후 잠수함을 순차적으로 최신형 소류급 잠수함으로 교체하고 있다. 특히 수중배수량이 4,200톤인 소류급 잠수함은 현존하는 디젤 잠수함 중 가장 큰 규모로, 하푼 잠대함미사일과 533mm 어뢰 등의 무기를 탑재하고 공기불요장치AIP를 장착해 수중에서 은밀하게 장기간 작전할 수 있는 능력을 갖추고 있다. 현재 6척이 실전 배치되었고, 총 11척이 건조될 계획이다.

또한 일본은 대만에서 불과 100km 떨어져 있는 일본 최서단 요나구니与那国 섬에 해상 및 공중 감시를 실시할 정찰대의 창설을 추진하고, 아울러 동중국해 섬에 주둔하는 자위대 병력을 향후 5년 동안 현재보다 약 20% 증가한 1만 명으로 늘릴 계획이다.

서태평양 지역에서 중국의 바다 지배에 맞서 이를 저지하려는 일본은 대응 전략에 따라 조용하면서도 숨 가쁘게 움직이고 있다. 일본판 A2AD 전략이 구체화된 내용으로 공개되지는 않았다. 하지만 일본은 이전부터 치밀하게 계획을 수립한 것이 분명하다. 앞으로 일본의 새로운 A2AD 전략이 일본의 전력증강과 공세적 전력으로의 변화에 어떤 영향을 미칠지 주의 깊게 보아야 할 것이다.

KEYWORD 05
집단적 자위권 행사:
이제는 세계 어느 바다에서도 힘을 사용한다

 2015년 9월, 일본이 집단적 자위권을 행사할 수 있는 안보법률을 제·개정했다. 이로써 제2차 세계대전 패망 이후 스스로를 방어할 목적으로만 무력을 사용할 수 있었던 일본은 이제는 일본 영토 방어를 넘어 해외에서도 무력을 행사할 수 있는 길이 열렸다. 일정한 요건을 갖추면 어디에서도 전쟁을 할 수 있는 일본이 된 것이다.

 집단적 자위권이란 자국이 직접적인 적의 공격을 받지 않더라도 동맹국이 타국으로부터 침략을 받으면 무력으로 개입할 수 있는 국제법적 권리를 말한다. 지금까지 일본은 전쟁을 금지한 평화헌법 9조에 따라 집단적 자위권 행사를 금하고, 자위대 임무를 일본이 공격을 받을 때에만 반격하는 것으로 제한해왔다. 오로지 방어만 한다는 전수방위專守防衛는 일본 방위정책의 기본원칙으로 자리 잡았다. 하지만 집단적 자위권의 행사가 가능해지면서 전수방위의 원칙도 사실상 폐기되었다고 해도 과언이 아니다.

 일본의 집단적 자위권 행사를 가능하도록 제·개정된 법률 중「무력공격사태법」은 타국에 대한 무력공격일지라도 일본의 존립이 위협받고 국민의 권리가 근저로부터 뒤집힐 명백한 위험이 있는 경우를 '존립위기사태'로 규정해 자위대가 무력행사를 할 수 있도록 했다. 또한 자위대의 활동 범위를 일본 주변 지역으로 한정한 기존의「주변사태법」을 대체하여 만들어진「중요영향사태법」은 일본에 중대한 영향을 줄 수 있는 사태 발생 시 전 세계 어디서나 자위대가 미군 등 타국의 군대를 후방지원할 수 있도록 했다. 자위대의 후방지원 대상도 기존의 미군으로 한정된 범위에서 미군을 포함한 타국 군으로 확대되고, 후방지원 활동지역도 일본 주변에서 전 세계로 넓어졌다. 그리고 평시와 전시 상황의 중간 단계인 '회색지대gray zone 사태' 시에도 일본 방어를 위해 활동하는 미군 등의 타국 군대를 자위대가 무력을 사용하여 보호할 수 있게 되었다.

일본은 집단적 자위권 행사를 토대로 미국과 새로운 가이드라인도 확정했다. 가이드라인은 일본 유사시 자위대와 주일 미군의 공동방위를 명시한 미일 방위협력지침을 의미한다. 미국과 일본은 1997년에 가이드라인을 개정한 이후 20여 년 만인 2015년에 가이드라인을 다시 개정하여 일본 자위대의 작전반경에 사실상 제한을 없앴다. 일본 자위대의 지리적 활동 범위를 아시아·태평양 지역뿐만 아니라 전 세계로 확대한 것이다. 이에 일본 자위대는 지리적·공간적 제한 없이 전 세계 어디서든 미군과 공동으로 군사 작전을 수행할 수 있게 된 것이다.

이와 같이 일본이 집단적 자위권 행사를 바탕으로 전 세계 어디서든 무력을 행사할 수 있는 수단은 바로 해상자위대의 전력이다. 일본 정부가 집단적 자위권을 행사할 사례로 제시한 대부분은 해상자위대 전력으로 수행할 수밖에 없다.

일본이 집단적 자위권을 행사할 대표적인 사례는 먼저 동맹국인 미국

으로 발사된 탄도미사일을 일본이 공해상에서 요격하는 것이다. 일본은 자국이 탄도미사일에 의한 공격을 직접 받지 않더라도 동맹국인 미국에 대한 공격을 자국에 대한 공격으로 간주하고 집단적 자위권을 행사하여 이를 요격한다는 것이다.

해상자위대는 이미 미 해군에 이어 세계에서 두 번째로 탄도미사일 요격 능력을 확보했다. 1990년대 중반 북한이 노동 및 대포동 미사일을 개발하여 일본 열도 전역이 그 사정권 안에 들어가게 되면서 일본은 탄도미사일 방어 능력의 구축을 본격적으로 추진하게 된다. 해상자위대 이지스함의 Mk41 수직발사대를 개조하고 SM-3 Block IA 요격미사일을 탑재하여 탄도미사일 요격 능력을 부여했다. 또한 요격 가능 범위 및 파괴력, 목표물 탐지 능력을 향상시킨 SM-3 Block Ⅱ 신형 요격미사일을 미국과 공동으로 개발하고 있다. 신형 요격미사일의 개발이 완료되면 중

탄도미사일 요격미사일인 RIM-161 스탠더드 미사일을 발사하는
일본 해상자위대의 이지스함 JDS 곤고 〈public domain〉

·장거리 탄도미사일 요격이 가능해지고, 제한적이지만 대륙간 탄도미사일ICBM의 요격까지 가능하게 될 것으로 보인다.

일본이 집단적 자위권을 행사할 또 다른 사례로 공해상에서 미 해군 함정이 공격을 받았을 때 이 역시 자국에 대한 공격으로 간주하여 해상자위대의 함정이 응전하는 것이다. 이는 해상교통로 보호를 위한 미일 해군 간의 역할 분담과도 맥락을 같이하며, 해상자위대의 활동 범위가 미 해군과 같이 전 세계로 확대될 수 있다는 것을 의미한다.

일본 선박이 지나는 해역의 기뢰 제거 임무 또한 집단적 자위권 행사의 사례로 거론된다. 기뢰는 일반적으로 불특정 다수의 국가를 표적으로 하여 부설되는 만큼, 타국에 대한 기뢰 위협도 자국에 대한 무력행사로 간주하여 집단적 자위권을 적용하여 기뢰 제거에 나선다는 논리다. 일본 선박의 해상교통로는 이미 언급한 대로 일본 주변 해역뿐만 아니라 태평양과 인도양, 중동에 이르기까지 전 세계의 해역에 이르고 있다. 이러한 일본 선박의 통항로에 대한 기뢰 위협 제거는 곧 해상자위대의 소해부대가 전 세계 어디에서든 활동할 수 있다는 것과 같다. 실제로 일본은 원유 수송로에 위치한 중동의 호르무즈 해협Hormuz strait을 이란이 기뢰 부설로 봉쇄할 경우, 집단적 자위권 행사를 통해 호르무즈 해협의 소해 작전에 나선다는 계획을 세우고 있다.

뿐만 아니라, 일본은 미국을 비롯한 타국을 공격할 가능성이 있는 이른바 불량국가의 무기 수출 선박을 검사하고 활동을 저지하는 것도 집단적 자위권 행사의 유형으로 포함시켰다. 무기 수출 선박 감시를 위해 해상자위대 함정의 활동 범위가 확대될 것임은 충분히 예상할 수 있다.

한편, 일본의 방위전략도 집단적 자위권을 행사할 수 있는 능력을 확보하는 방향으로 바뀌고 있다. 이미 일본 정부는 2010년에 마련한 '신방위계획대강新防衛計劃大綱'에 따라 자위대의 '동적動的 방위력' 강화를 추진하기로 결정했다. 동적 방위력은 자위대가 일본 본토 방위라는 틀에서 벗어나 국내외를 넘나들며 기동성 있게 작전을 수행하는 것을 의미한다. 자위대는 동적 방위력 강화에 따라 긴급 사태 발생 시 신속하게 작전을 수행할 수 있는 기동군 체제로 재편하고 있다.

나아가 2013년 방위계획대강에서는 기존의 '동적 방위력' 개념을 발전시킨 '통합기동 방위력'의 구축을 명시했다. 통합기동 방위력은 육·해·공 자위대의 통합운용을 기반으로 높은 기동성을 가지고 전개할 수 있는 방위력을 말한다. 특히 해상자위대는 통합기동 방위력의 구축을 위해 항모형 호위함 등의 다양한 임무를 수행할 수 있는 다기능 대형 함정을 지속 건조하고, 작전반경을 확대한 신형 잠수함 및 해상초계기 전력의 증강에 노력을 집중하고 있다.

전수방위의 기치 아래 웅크리고 있던 일본의 해군력이 이제 세계의 바다를 향해 고개를 들기 시작했다. 욱일기를 내건 일본의 함정들이 전 세계 해역을 누비는 모습이 이제 현실로 다가온 것이다.

하지만 집단적 자위권 시행에 대한 일본 내의 반대 여론도 만만치 않다. 특히 안보 관련 법안에 반대하는 아이를 가진 엄마들의 집회는 매우 이색적이다. 타국의 전쟁에 휘말릴 수 있어 아이들이 걱정되기 때문이라고 한다. 자식을 군대에 보내야만 하는 우리의 실정과는 단적으로 다른 모습이다. 그만큼 대부분의 일본 국민은 평화헌법 체제의 일본이 바뀌는 것에 대한 불안감이 크다.

집단적 자위권 행사의 주된 무력수단인 해상자위대에게 현재의 안보 상황은 인력운영에 대한 숙제가 될 전망이다. 해상자위대 인원은 현재 충원율이 92%로 부족하다. 게다가 인원이 부족함에도 불구하고 다양한

해외파병 활동으로 업무를 겸하는 경우가 많아, 유학 시절 다수의 해상자위대 간부들로부터 고충을 여러 번 들은 바 있다.

이번 집단적 자위권 행사는 해상자위대 입대를 희망했던 일본 젊은이들의 마음을 흔들 수 있다. 점점 어려워지는 인력 사정이라는 과제를 어떻게 극복하며 해군력을 키워 나갈지 두고 볼 일이다.

전수방위의 기치 아래 웅크리고 있던 일본의 해군력이 이제 세계의 바다를 향해 고개를 들기 시작했다. 욱일기를 내건 일본의 함정들이 전 세계 해역을 누비는 모습이 이제 현실로 다가온 것이다.
〈Public Domain〉

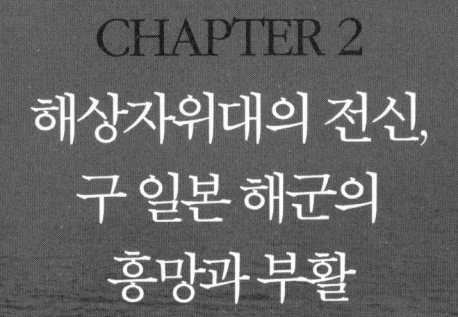

CHAPTER 2
해상자위대의 전신, 구 일본 해군의 흥망과 부활

KEYWORD 06
과거의 영광, 언덕 위의 구름

『언덕 위의 구름坂の上の雲』은 일본의 역사소설가인 시바 료타로司馬遼太郎가 1967년에 시작해 1972년에 완성한 일본의 대하 역사소설로, 메이지 유신으로 새롭게 태어난 일본의 성공적인 근대화를 배경으로 청일전쟁에 이어 러일전쟁에서 승리한 역사를 다루고 있다. 시바 료타로는 당시 시대적으로 뒤처졌던 봉건국가 일본이 어떻게 단시간에 눈부신 발전을 이루고 대국 중국과 세계적인 열강 러시아 제국을 꺾었는가에 대한 대답을 이 소설을 통해 보이고자 했다. 소설『언덕 위의 구름』은 1970년대 일본 사회에 큰 반향을 불러일으키며 2000년대에 이르기까지 꾸준한 인기를 얻어왔다. 2009년부터 3년 동안 NHK 드라마로 방송되기도 했다.

『언덕 위의 구름』의 주인공은 러일전쟁 당시의 연합함대 사령장관 도고 헤이하치로東鄕平八郎 제독의 작전참모로서 작전계획을 수립하여 쓰시마 해전에서 발틱 함대를 쓰러뜨린 아키야마 사네유키秋山真之, 그의 형이자 일본의 기병을 육성하여 당대 최강의 기병으로 불리던 러시아의 코사크 사단을 격파했던 아키야마 요시후루秋山好古, 그리고 당대 일본 시문학의 중흥을 일구어낸 시인 마사오카 시키正岡子規로, 이들 3인의 일생을 중심으로 일본이 메이지 유신을 거쳐 열강의 반열에 들어서는 과정을 그려냈다. 소설의 제목인 "언덕 위의 구름"은 당시 메이지 시대의 일본인들이 눈앞에 떠 있는 구름, 즉 서구 열강을 따라잡기 위한 꿈과 목표를 응시하며 근대화로의 언덕을 오르기 위해 정진했던 시대상을 상징적으로 나타낸 것이다.

이 소설은 다른 한편으로 일본의 제국주의와 우익사관을 미화했다는 비판도 있다. 다만 여기서는 일본 근대화의 한 축이자 청일전쟁과 러일전쟁 승리의 주역이었던 일본 해군의 역사를 엿볼 수 있다는 의미로 한정하고자 한다.

1869년 메이지 유신을 통해 근대국가로서의 기반을 마련한 일본은 1872년에 징병제를 실시하고 해군성과 육군성을 설치했다. 또한 영국 해군을 모델로 하여 본격적으로 해군의 군제를 정비하고, 1876년에 오늘날의 사관학교라 할 수 있는 해군병학교를, 1889년에는 해군참모본부를 설치했다. 동시에 해군력 증강을 지속적으로 추진하여 1894년 청일전쟁 시에는 군함 31척, 수뢰정 24척을 보유하게 되고, 1904년 러일전쟁 시에는 군함 76척, 수뢰정 76척을 보유하는 규모로 발전하게 된다. 또한 이 시기의 군함은 상비함대와 서해함대로 나뉘어져 있었는데, 1894년에 청일전쟁이 발발하면서 이 때 처음으로 연합함대가 탄생하게 된다.

청일전쟁은 일본이 청나라 세력을 조선에서 몰아내고 조선을 일본의 세력권에 넣기 위해 벌인 전쟁으로, 일본이 청에 최후통첩을 한 가운데 풍도해전을 시작으로 발발했다. 1894년 7월 25일 아산 근해를 순찰하던 일본의 순양함 요시노吉野, 나니와浪速, 아키쓰시마秋津島는 청의 순양함 제원濟遠 및 광을廣乙과 조우하게 된다. 1시간여의 포격전 끝에 광을호

청일전쟁 주요 사건

- ❶ 1894년 7월 25일 풍도해전
- ❷ 1894년 9월 15일 평양전투
- ❸ 1894년 9월 17일 황해해전
- ❹ 1894년 11월 일, 뤼순·다롄 점령
- ❺ 1895년 2월 17일 일, 웨이하이웨이 점령

1894년
- 4월 동학농민혁명 봉기
- 5월 동학농민군 전주 함락
- 6월 정부, 청에 원병 요청.. 청, 파병과 함께 텐진 조약에 따라 일본에 파병 사실 통고, 일, 파병
- 6월 11일 정부군과 동학농민군 간 전주화약 성립
- 6월 23일 일, 우리 정부의 철군 요구 거절한 채 경복궁 불법 점령
- ❶ 7월 25일 일 해군, 아산만 풍도 앞바다에서 청 군함 기습 공격 격침
- 7월 29일 성환전투, 일 승리
- ❷ 9월 15일 평양전투, 일 대승
- ❸ 9월 17일 황해해전, 일 제해권 장악
- 10월 일, 남만주로 진격
- ❹ 11월 일, 뤼순·다롄(랴오닝성) 점령, 2만여 명 학살

1895년
- ❺ 2월 17일 웨이하이웨이(산둥성)의 청 북양함대 점령
- 4월 17일 시모노세키조약 체결. 한반도에 대한 일본의 지배권 국제적 인정, 청 랴오둥 반도와 대만·펑후 열도 일본에 할양, 일 사실상 센카쿠(중국명 댜오위다오) 영유권 확보

는 화약고가 폭발하여 암초에 좌초되고 제원호는 도주했다. 같은 시기에 청이 영국으로부터 대여한 상선 고승高陞호가 청의 육군 병력 1,100여 명을 조선으로 수송하기 위해 아산으로 향하고 있었다. 이 때 풍도 근해에서 일본의 순양함 나니와와 조우한다. 나니와는 고승호에 정선명령을 하고 임검을 시도했으나, 청의 병사들은 정선명령에 불응했고, 결국 나니와는 고승호에 포격을 가하여 격침시킨다. 이 때 나니와의 함장이 바로 도고 헤이하치로 대좌(대령)로 훗날 러일전쟁 시 연합함대 사령장관이 되어 연합함대를 이끈 인물이다. 이 풍도해전으로 일본과 청의 전면전이 불가피하게 되었고, 7일 후 일본이 청에 선전포고를 했다.

당시 청나라의 북양함대는 독일에서 건조한 7,500톤이 넘는 대형 군함인 정원征遠과 진원鎭遠을 보유하고 있었는데, 이 함정들은 305mm 주포 4문과 356mm의 두꺼운 장갑으로 무장하고 있어 당시에 존재하는 어떤 함포로도 파괴할 수 없는 매우 강력한 군함이었다. 이에 반해 일본은 12척의 군함으로 구성된 작은 함대에 5,000톤이 넘는 군함이 1척도 없었기 때문에 청의 북양함대에 비해 크게 열세에 놓여 있었다.

하지만 청나라는 내부적인 문제로 해군 운용에 큰 문제를 안고 있었다. 당시 세계 최강이라는 정원과 진원을 보유하고 있었지만, 국정의 실권을 쥐고 있던 서태후의 환갑잔치를 위해 해군 예산으로 편성된 2,000만 냥이 넘는 거금을 황실 정원인 이화원 증축에 써버렸기 때문에 정작 함포에 장전할 포탄을 사지 못했고, 또 두 군함을 보좌할 신형 함정도 확보하지 못했다. 당시의 2,000만 냥이면 대형 순양함을 10척 이상 구입할 수 있는 엄청난 금액으로, 만약 그 돈이 해군 예산으로 제대로 사용되었다면 청일전쟁의 결과도 달라졌을지 모른다.

1894년 9월 17일 일본의 연합함대와 청의 북양함대 간에 황해해전

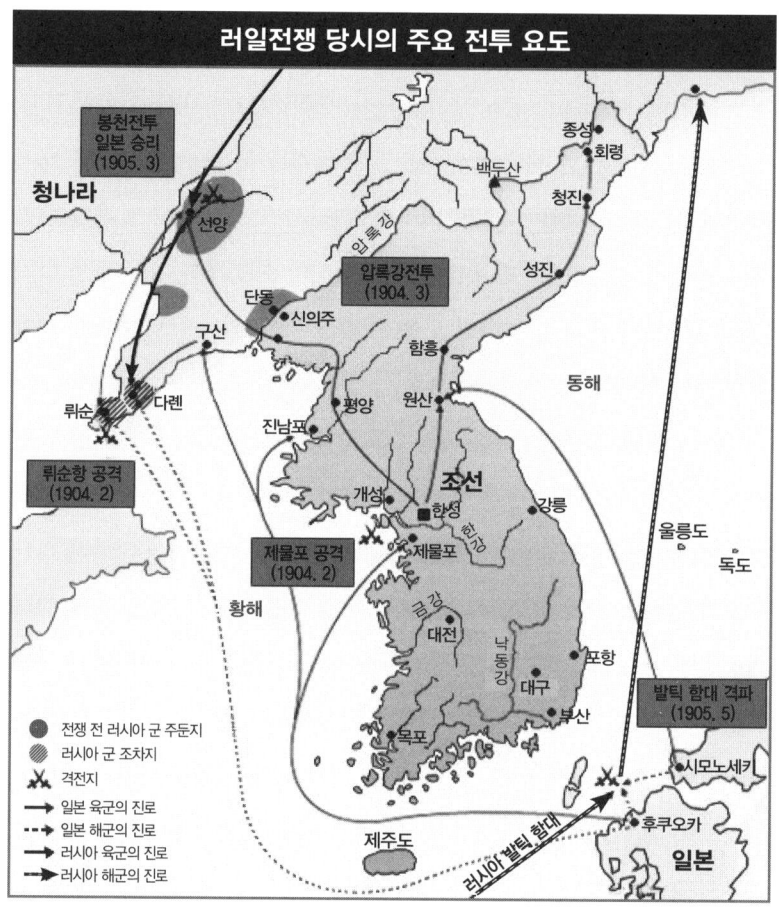

(혹은 압록강해전으로도 불림)이 발생한다. 두 함대는 양국의 국운을 걸고 서해에서 결전을 벌이게 되었고 치열한 포격전 끝에 일본 연합함대의 대승으로 끝나게 된다. 청일전쟁에서 승리한 일본은 아시아의 강국으로 부상하고 제국주의 국가로서의 첫발을 내딛게 되었다.

그로부터 10년 후, 러일전쟁이 발발하면서 다시 연합함대가 편성되었고, 청일전쟁에 참전했던 도고 헤이하치로 제독이 사령장관이 되어 연합함대를 지휘했다. 당시 러시아는 랴오둥 반도의 뤼순항에 배치된 태평양함대 전력만으로도 일본의 연합함대를 모두 다 합친 전력과 맞먹을 정도였고, 그 이외에도 본국에 비슷한 규모의 발틱 함대를 보유하고 있었다. 일본은 이러한 전력의 열세를 극복하기 위해 우선 뤼순항의 태평양함대를 기습 공격하여 태평양함대를 괴멸시킨다. 그리고 일본의 연합함대는 만반의 전투준비태세를 갖추고 러시아 본토에서 거의 지구 반바퀴를 항해하여 일본 근해까지 오는 로제스트벤스키Zinovy Rozhestvensky 제독의 발틱 함대를 기다린다.

1905년 5월 27일 아침, 일본의 연합함대는 쓰시마 섬 근해에서 발틱 함대를 발견하고 전투에 돌입했다. 해전이 시작되자 기함 미카사三笠의 마스트에 "황국의 흥망이 이 전투에 달려 있다. 각자 최선을 다하라"라는 도고의 명령이 신호로 게양되었다. 이와 동시에 도고 제독은 발틱 함대 선두 방향으로 돌진하다가 근거리에서 갑자기 함대의 침로를 변경하는 적전敵前 대회전(일명 '도고 턴Togo Turn')을 실시하여 발틱 함대에게 T자를 씌워 기선을 잡았다. 그리고 시종일관 유리한 전술기동을 하면서 집중포격을 하며 발틱 함대를 압도했다. 7개월에 이르는 원정항해를 하며 피로가 누적되고 전비태세를 제대로 갖추지 못한 발틱 함대는 대부분의 함정을 잃고 5,000여 명의 전사자를 내며 대패했다.

발틱 함대가 패배하면서 러시아는 더 이상 전쟁에서 승리할 가능성이 없어졌고, 이후 미국의 중재로 포츠머스 강화조약Treaty of Portsmouth을 체결하게 되었다. 이 조약에 따라 러시아는 만주에서 철수하고 조선에 대한 일본의 이익을 인정하게 되었으며, 뤼순항과 산둥반도 그리고 사할린 남부까지 일본에 양도했다. 이를 바탕으로 일본은 조선에 대한 침략을 본격화하고, 세계 열강의 대열에 합류하게 된다.

러일전쟁의 승패를 좌우한 쓰시마 해전에서 일본이 승리할 수 있었던 러일전쟁 당시 일본의 연합함대를 지휘한 도고 헤이하치로 제독(오른쪽)과 기함 미카사함(아래). 러일전쟁의 승패를 좌우한 쓰시마 해전에서 일본이 승리할 수 있었던 가장 큰 이유 중의 하나로 꼽히는 것이 당시 지휘관의 역량이다. 연합함대 사령장관으로서 도고 제독은 함정과 승조원을 뛰어난 전투력으로 결속시키는 탁월한 지휘역량을 발휘했다. 〈Public Domain〉

가장 큰 이유 중의 하나로 꼽히는 것이 당시 지휘관의 역량이다. 실전 경험이 없고 전투 준비에 치밀하지 못했던 발틱 함대의 로제스트벤스키 제독에 비해, 연합함대의 도고 제독은 발틱 함대가 대한해협을 통과할 것으로 정확히 판단하고 진해만에서 집중적으로 함포 사격 훈련을 실시하는 등 연합함대의 전비태세를 고도로 유지했다. 또한 도고 제독은 쓰시마 해전에서 적전 대회전(도고 턴Togo Turn)을 감행함으로써 초전에 기선을 잡을 수 있었는데, 이는 면밀한 작전계획과 고도의 훈련을 통해서만 달성될 수 있었던 것이었다. 그는 연합함대 사령장관으로서 함정과 승조원을 뛰어난 전투력으로 결속시키는 탁월한 지휘역량을 발휘한 것으로 평가되고 있다.

러일전쟁이 끝난 후 연합함대의 해산식에서 도고 제독이 낭독했던 연합함대 해산사解散辭는 『언덕 위의 구름』의 대미를 장식한다.

"신명은 오직 평소에 단련을 쌓아 싸우지 않고도 이길 수 있는 자에게 승리의 영광을 내림과 동시에, 일승에 만족하여 태평에 안주하는 자로부터는 즉시 이를 빼앗는다. 선인들은 말했다. 이겨서도 투구의 끈을 조이라고."

이렇듯 소설 『언덕 위의 구름』은 일본인이 생각하는 역사상 가장 영광스러운 시대상을 역동적으로 보여준다. 그러나 그 영광의 역사는 이후 군국주의와 침략이라는 오욕의 길로 접어들게 된다.

KEYWORD 07
진주만 공습과 태평양전쟁의 서막: "도라 도라 도라"

1941년 12월 7일 오전 7시 52분, 하와이 진주만 상공을 뒤덮은 일본의 전투기로부터 "도라 도라 도라"라는 암호가 긴급하게 타전되었다. 이 암호가 도착하자, 아카기赤城 함상에서는 제1항공함대 참모장 구사카 류노스케草鹿龍之介 소장이 환희의 눈물을 흘렸다. 일본의 기동부대 사령관 나구모 주이치南雲忠一 중장도 감정에 북받쳐 입을 꽉 다물고 아무 말도 하지 않았다. 이는 1970년에 제작된 헐리우드 영화 〈도라 도라 도라〉의 한 장면으로, "도라 도라 도라"는 일본 해군의 진주만 기습공격이 대성공한 것을 알리는 암호였다.

일본의 기습공격으로 당시 세계 최강을 자랑하던 미 태평양함대는 거의 전멸되다시피 했다. 전함 애리조나USS Arizona, 오클라호마USS Oklahoma 등이 완파되었으며, 200여 기의 항공기가 파괴되었다. 미군 전사자는 2,100여 명, 부상자도 980여 명에 달했다. 이에 비해 일본군의 피해는 29기의 공격기와 특수잠수정 5척을 잃었을 뿐이었다. 미일 간의 태평양전쟁의 서막이었던 진주만 공습은 일본 해군의 압도적인 대승으로 끝났다.

당초 일본의 중국 침략으로 발발한 중일전쟁이 장기화되는 가운데 일본이 동남아시아까지 침공하자, 미국은 일본의 해외자산을 동결시키고 석유수출을 전면 금지시켰다. 이에 대해 일본 정권을 좌우하던 군부는 미국과의 전쟁을 결심하고 당시 연합함대 사령장관이었던 야마모토 이소로쿠山本五十六에게 미 해군과 싸우도록 명령했다. 전쟁이 발발하면 일본은 동남아시아를 침공하여 자원지대를 확보해야 하는데, 그럴 경우 일본군을 저지하기 위해 미 태평양함대가 출격해올 것이 틀림없었기 때문에 우선 미 태평양함대를 제거하지 않으면 안 되었던 것이다. 이에 대해 야마모토는 미 태평양함대의 근거지인 하와이 진주만까지 항모를 보낸 후 탑재 항공기로 선제공격하는 계획을 내놓았다. 하지만 이 공격은 너무 큰 모험이었기 때문에 대본영大本營(구 일본 해군 및 육군의 최고 통수 기관)과 해군 내부에서는 다음과 같은 이유로 반대의 목소리가 컸다.

첫째, 마땅한 공격 무기가 없다는 것이 문제였다. 진주만의 수심은 겨우 12m밖에 되지 않아 어뢰 공격이 불가능했다. 뇌격기가 함정을 공격하기 위해 어뢰를 발사할 경우 속도와 어뢰 중량 때문에 투하된 어뢰는 물속으로 깊이 들어갔다가 다시 올라오게 되는데, 12m의 얕은 수심에서 어뢰는 해저바닥에 바로 박힐 수밖에 없었다. 또 미 전함을 폭격할 경우 두꺼운 장갑이 깔린 전함 갑판을 뚫을 철갑폭탄도 없었다.

둘째, 일본에서 하와이까지 거리가 너무 멀다는 것이었다. 약 3,500해리(약 6,500km)의 거리를 다른 배에게 들키지 않고 대규모 함대가 이동하는 것은 결코 쉬운 일이 아니었다.

셋째, 당시 일본이 진주만 기습에 동원할 수 있는 함정 중에 항모와 전함을 제외한 나머지는 하와이를 왕복하기에 항속거리가 부족하다는 것이었다.

하와이 근해에서 출격을 기다리는 일본의 함재기 〈Public Domain〉

그러나 야마모토는 이와 같은 반대의견에 대해 자신의 직위를 걸고 공격 실행을 주장했다. 이는 일본 해군에게 미 해군은 매우 벅찬 상대이기 때문에 전쟁을 해야 한다면 위험을 감수하고서라도 미 해군의 본거지를 쳐서 적의 주력을 없애는 쪽이 낫다고 생각한 것이다. 결국 일본은 야마모토의 강경한 자세에 밀려 진주만 공습을 결정한다.

일본 해군은 진주만 공습을 위해 기존에 제기된 문제점들을 하나하나 해결해나갔다. 어뢰에는 안정판을 장착하여 수심이 얕은 바다에 투하해도 깊이 내려가지 않고 다시 수면 위로 떠오르도록 하는 데 성공했고, 전함의 함포에 사용하는 410mm 철갑탄을 개조한 항공기용 철갑폭탄을 만들어 함정을 공격할 수 있도록 했다. 또 당시 일본과 하와이를 오가는 여객선을 통해 다른 배들에게 목격당하지 않고 안전하게 하와이까지 갈

수 있는 항로도 찾아냈으며, 항속거리가 부족한 함정들의 밸러스트 탱크 ballast tank에 연료를 채우거나 드럼통에 연료를 채워 적재하는 방법으로 항속거리를 연장했다.

한편, 미국 역시 일본이 전쟁을 걸어오는 것은 시간문제라고 생각하고 있었다. 다만 일본이 어떤 형태로 어느 곳을 공격해올 것인가에 대해서 확실한 결론을 내리지 못한 상태였기 때문에 일본의 기습에 전혀 대비하지 못했다. 더구나 일본의 기동부대가 하와이 근해에 도착했을 때 미군은 공습에 대한 정보를 레이더망으로 탐지하기도 했으나, 이를 아군 비행편대라고 착각하고 대수롭지 않게 처리해버리는 바람에 일본의 기습을 막을 최후의 기회마저도 놓쳐버렸다.

아무런 저항없이 진주만 상공에 도착한 일본 해군의 1차 공격대는 철갑폭탄과 개조 어뢰로 무차별 공격을 가했고, 수많은 미 함정과 항공기들은 침몰되고 파괴되었다. 가장 큰 피해를 입은 것은 전함 애리조나였다. 철갑폭탄이 애리조나 함의 화약고를 직격하여 대폭발로 침몰해버린 것이다. 함내에 있던 1,117명의 승조원들은 그대로 수장되고 말았다. 1차 공격대에 이어 2차 공격대는 잔존 함정과 비행장에 더 큰 타격을 입혔다. 두 차례의 공격을 끝낸 기동부대는 곧바로 일본으로 복귀하기 시작했다. 항공전대 지휘관과 참모가 3차 공격을 주장했지만, 나구모 사령관은 이를 받아들이지 않고 복귀를 명령했다.

진주만 공습을 둘러싼 오래된 논쟁거리 중의 하나가 진주만 공습 당시 나구모 사령관이 왜 3차 공격을 시도하지 않았는가에 관한 것이다. 나구모는 함대 뇌격전의 권위자로서 야마모토의 신임을 받고 있었지만, 진주만 공격에 대해 처음부터 반대했다. 그는 적 함대의 주력을 끌어내어 함포결전과 수뢰전대의 돌격으로 적 함대를 격파해야 한다는 구식

1941년 12월 7일, 일본의 진주만 공습으로 화염에 휩싸인 애리조나 함. 애리조나 함은 철갑폭탄이 화약고를 직격하여 대폭발을 일으키며 침몰해버렸다. 〈Public Domain〉

연합함대 사령장관 야마모토 이소로쿠 대장(왼쪽)과 진주만 공습 당시 기동부대 사령관 나구모 주이치 중장(오른쪽). 함대 뇌격전의 권위자로서 야마모토의 신임을 받던 나구모 사령관은 진주만 공습 당시 3차 공격을 시도하지 않고 철수를 단행함으로써 미국에게 구사일생의 기회를 주게 되었다. 〈Public Domain〉

전략을 중시했다. 또한 항모는 폭탄 한두 발로도 치명타를 입을 수 있고 향후 전쟁을 위해 꼭 필요하므로 한 척도 잃어서는 안 된다는 생각에 진주만 공습 당시 일본이 제공권을 완전히 장악한 상태임에도 불구하고 나타나지도 않은 미 함재기의 공격을 계속 두려워했다. 결국 나구모는 항공전대 지휘관, 참모의 거듭된 요청에도 불구하고 철수를 단행했다.

그로 인해 미군은 함정 수리시설과 유류저장고 등의 가장 중요한 시설들을 온전히 유지할 수 있었다. 만약 나구모가 3차 공격을 감행했었다면 미군은 하와이를 포기하고 미 본토까지 후퇴할 수밖에 없었을지도 모른다. 결국 추가 공격의 포기는 미국에게 구사일생의 기회를 주게 되었다.

태평양전쟁이 끝난 후, 일본에서는 진주만 공격이 미국의 유도로 이루어졌다는 음모론이 많이 제기되었다. 이 음모론의 주된 내용은 첫째, 진주만 공습 당시 태평양함대 소속이었던 항모 3척이 모두 하와이를 떠나 있었다는 것이다. 미일 간의 전쟁 징후가 농후한데도 핵심 전력인 항모가 진주만에 한 척도 없었다는 것은 향후 전투에 중요한 역할을 할 항모가 피해를 입지 않도록 진주만에서 미리 빼두었다는 것이다. 둘째, 진주만에 배치되어 있던 미국의 전함들이 구형이었다는 것이다. 당시 진주만에는 대규모 함대가 배치되어 있었지만, 핵심 전력들은 모두 1930년 이전에 건조된 구형 전함들이었으며, 당시 미 해군의 신형 전함들은 모두 상대적으로 위협이 적은 대서양에 배치되어 미국이 충분히 감당할 수 있는 피해로 공격을 유도했을 수 있다는 것이다. 셋째, 진주만 공습 이전에 미 군부 내에서 진주만 공격을 예상하는 관계자들의 발언들이 많았고, 여러 부대에서 진주만 기습의 위험성을 경고한 사례가 있다는 것이다. 넷째, 진주만 공습 전날과 당일의 하와이 미군이 공습에 제대로 대비를 하지 않았다는 것이다. 미 정부가 이미 각 군에 일본의 공격에 대비하도록 지시를 했음에도 불구하고 전투기들은 모두 활주로에 일렬로 집결해 있었고, 장병들의 외출, 외박도 일상적으로 실시했으며, 대공포에 대한 병력 배치조차 제대로 하지 않았다는 것이다. 이러한 정황들로 미루어 미국이 진주만 기습을 이미 알고 공격을 유도했을 가능성이 있다는 것이다.

하지만 이러한 음모론에 대한 반론 역시 만만치 않았다. 그 내용은 첫째, 태평양전쟁 발발 당시까지도 미 해군 전력의 중심은 전함이었고, 항모의 역할은 주력이 아니라 함대의 보조적인 수단이었기 때문에 항모를 핵심 전력으로 보고 빼돌렸다는 주장은 논리가 맞지 않는다는 것이다. 둘째, 당시 하와이에 있던 미 전함들이 구형이었다는 것은 당연하다는 것이다. 1921년 해군 군축협정에 의해 열강들은 더 이상 신형 전함을 건조할 수 없는 상황이었고, 그 후 일본이 협정을 파기하고 신형 전함을 만들기 시작하자 미국도 신형 전함을 건조하기 시작했지만, 태평양전쟁 발발 당시 이 전함들은 시운전 단계로 운용할 수 있는 상태가 아니었기 때문이다. 신형 전함들이 모두 대서양에 배치되어 있었다는 것도 사실 대서양의 버지니아에 있는 뉴포트Newport 조선소에서 건조되고 있었기 때문이라는 것이다. 셋째, 미 군부 내에서 진주만 기습을 예상한 발언들은 당시 나왔던 여러 의견 중 하나였을 뿐이었고, 진주만 공습 가능성에 관한 정보도 진위를 파악하기 힘든 무수히 많은 정보들 중 하나로 미군에서 중요하게 취급되지 않았을 뿐이라는 것이었다. 넷째, 음모라고 하기에는 미국이 입은 인적·물적 피해가 너무 컸다는 것이다. 결국 이러한 이유로 진주만 공습은 미국의 판단 착오라는 데 더 큰 무게를 두게 되었고, 미국이 진주만 공습을 유도했다는 음모론은 전반적으로 부정되

진주만 공습으로 침몰한 애리조나 함 위에 세워진 기념관. 당시의 참상을 직접 느낄 수 있는 역사의 현장이다.

고 있다.

이와 같이 진주만 기습은 일본과 미국 모두에게 잊을 수 없는 충격과 논란을 불러일으키며 태평양전쟁의 서막으로 역사의 한 페이지를 장식했다.

KEYWORD 08
태평양전쟁의 터닝포인트:
일본의 운명을 가른 미드웨이 해전

미드웨이Midway는 중부 태평양 하와이 제도의 북서쪽에 위치한 섬이다. 아시아와 아메리카 두 대륙의 중간에 위치하여 미드웨이라고 이름이 붙은 바로 이곳에서 1942년 6월, 태평양전쟁의 향방을 가르는 미 해군과 일본 해군 간의 대해전이 벌어졌다.

진주만 기습으로 기선을 잡은 일본군은 개전 5개월 만에 필리핀, 말레이시아, 네덜란드령 인도네시아 제도를 침공하고, 프랑스령 인도차이나 반도에서 버마까지 진출하여 1단계의 작전 목표를 달성했다. 특히 일본 해군은 개전 직후부터 수많은 작전을 전개했고, 미국과 영국이 중심이 된 연합군 세력을 차례차례 격파하며 파죽지세로 솔로몬 제도와 뉴기니아 북부 연안까지도 점령했다.

1단계 작전 목표를 예상보다 절반 이상 짧은 기간에 달성하여 기고만장해진 일본의 대본영은 지금까지의 점령지를 확실히 장악하면서 동시에 외곽의 작전적 요지를 집중 공략한다는 방침을 세우고 미국과 오스트레일리아 간의 해상교통로를 차단하기 위해 뉴칼레도니아, 피지 및 사모아 섬을 공략 목표로 설정했다. 이는 외곽 작전요지에 대한 방위태세를 강화하여 적 함대 주력이 접근하여 공격해오면 이를 맞아 격멸시킨다는 계획이었다.

하지만 당시 일본 연합함대 사령관 야마모토 이소로쿠는 대본영과는 다른 생각을 가지고 있었다. 그는 진주만 기습 후의 미 태평양함대의 잔여 세력, 특히 항공모함 부대와의 결전을 통해 이를 격멸해야 일본이 점령지에 대한 권리를 확실히 하고 평화협상도 가능할 것으로 생각했다. 그는 이를 위한 최적의 결전 장소로 미드웨이 섬을 제안했다.

하와이 서북서 1,150마일 지점에 위치한 미드웨이는 당시 전략적으로 매우 중요한 곳이었다. 야마모토는 미드웨이에 위치한 미 해군기지의 정찰기는 하와이로 접근하려는 일본 해군의 동태를 조기에 파악할 수 있으므로 미국이 이 섬을 결코 놓치려 하지 않을 것이라는 점에 착안하여, 미드웨이를 공격하면 미 태평양함대가 출격하게 되고 이를 유인하여 궤멸시키겠다는 의도를 가졌던 것이다.

일본군 수뇌부에서 전략 방향에 관한 논의가 진행되는 가운데, 일본이 예상치 못한 사건이 발생했다. 미국의 둘리틀James Doolittle 중령이 지휘한 16기의 B-25 폭격기 편대가 도쿄에 공습을 가한 것이다. 미국은 항모에 B-25 폭격기를 탑재한 후 일본 동쪽 650마일 지점까지 전개시키고, 이 지점에서 폭격기를 출격시켜 도쿄를 폭격한 후 항모로 귀환하지 않고 중국에 착륙하는 방안을 택했다. 당시 일본 본토는 미국 육상 항공기지의 항속거리 밖에 있었고, 항모를 이용해 일본 본토 가까이로 접근하는 것도 무모한 일이었기에 일본 본토에 대한 미국의 공습은 일본에게 매우 큰 충격을 주었다.

둘리틀 중령이 지휘한 B-25 폭격기 편대의 대원들(위)과 항모 호넷(USS Hornet) 갑판 위에서 대기 중인 B-25 폭격기 16기의 모습(아래) 〈Public Domain〉

도쿄 공습으로 인해 일본 군 수뇌부에서 야마모토의 계획에 대한 반대는 일순간 사라졌고, 미드웨이를 공격하기 위한 구체적인 계획을 수립하기에 이른다. 일본은 연합함대의 함정과 항공기 대부분을 동원하여 미드웨이 공략을 준비했다. 먼저 하와이와 미드웨이 사이에 잠수함을 전개시켜 미국의 동태를 살피고, 태평양 북방의 알류샨 열도의 미군기지를 공습하는 양동작전을 실시하는 동시에, 기동부대가 미드웨이를 공격하면 미 태평양함대가 출동해 미드웨이 근해로 출현할 것이고 이 때 기동부대와 주력부대가 합세하여 미군을 격멸한다는 계획을 수립했다.

한편, 미 해군은 1942년 초부터 부산하게 교신되는 일본군의 무선통신의 양으로 보아 곧 대규모 공세가 있을 것으로 예상하고 있었다. 이러한 가운데 미 해군은 일본 해군의 암호를 해독하여 공격의 위치를 정확하게 파악할 수 있게 되었고, 이는 결국 미드웨이 해전 성패의 결정적인 요인이 된다. 미 태평양함대사령관 니미츠Chester W. Nimitz 제독은 암호해독을 통해 일본군의 공격 목표와 시기, 부대 편성 및 접근 방향 등에 관한 정보를 거의 파악하고 일본의 연합함대에 맞서기 위해 항모 2척을 주력으로 순양함, 구축함, 항공기 등의 세력을 집결시켰다.

1942년 5월 30일, 일본의 기동부대는 미드웨이를 향해 동진했다. 야마모토가 이끄는 일본의 주력부대와 나구모의 기동부대는 600마일의 거리를 두고 미드웨이로 향했다. 이 때 최전방에서 기동 중이던 나구모의 기동부대는 심한 안개로 인해 예정된 변침점에서 뒤따르던 함정에 기류나 발광 신호를 대신하여 무선통신으로 변침 명령을 실시했다. 그 전파는 600마일 후방에서 뒤따르고 있던 주력부대의 기함 야마토에서도 잡을 수 있었기 때문에 미국의 기동부대와 통신감청소에서도 이 전파를 포착하고 있었다. 하지만 나구모는 미드웨이 공격대를 발진시키기

직전까지 미 해군이 일본의 공격 기도를 알지 못하고 있으며, 인근 해역에 미국의 기동부대가 있다는 어떠한 징후도 없다고 단정했다. 그러나 미 기동부대는 이미 정찰비행대로부터 일본의 기동부대에 대한 접촉 보고를 받고 거리를 좁혀가고 있었다.

1942년 6월 4일 새벽, 나구모 제독은 미드웨이를 240여 마일 앞두고 108대의 항공기로 구성된 1차 공격대를 출격시켰다. 같은 시기에 미국의 미드웨이 기지 항공대의 항공기들도 출격하여 일본의 공격대와 치열한 공중전이 벌어졌으나, 일본 공격대가 미 항공기들을 제압하고 미드웨이 공습을 감행했다. 미드웨이 기지도 일본의 공격에 충분한 준비를 하고 있었기 때문에 공습의 피해는 크지 않았고, 미 항공기들도 일본의 기동부대를 공격했지만 치열한 반격으로 일본의 피해도 크지 않았다. 미 항공기의 공격에 손상을 입지 않은 일본의 기동부대는 1차 공격대와 비슷한 수의 함재기를 준비하면서 뇌격기에 어뢰를 장착한 채 미 함대의 출현에 대비하고 있었다.

1차 공격대와 동시에 발진한 색적기索敵機들로부터 아무런 접촉 보고가 없는 것으로 보아 인근 해역에 미 기동부대가 없다고 확신한 나구모는 2차 공격대를 출격시키기로 하고 뇌격기에 장착한 어뢰를 육상 공격용 폭탄으로 바꾸도록 명령했다. 이로 인해 4척의 항모에서 항공기들의 무장을 교체하는 대규모 작업이 진행되었다.

그러나 얼마 뒤 색적기로부터 미 기동부대에 대한 접촉 보고가 들어왔고, 나구모와 참모들은 아연실색했다. 나구모는 다시 미드웨이 공격보다 미 기동부대와 결전할 것을 결심하고 이때까지 육상 공격용 폭탄으로의 교체를 거의 완료한 뇌격기들에게 재차 어뢰를 장착하도록 명령했다. 번복된 대규모 무장교체 작업에 1차 공격대의 수용까지 겹치게 되면서 일본의 항모는 대혼란에 빠졌다.

이때 일본의 1차 공격대가 모함으로 복귀하여 연료와 탄약을 공급받는 틈을 노린 미 항모의 공격대 120여 기가 나타나 일본의 항모들을 공격했다. 비록 어뢰 공격에 성공하지 못하고 일본의 반격으로 수기가 격추되었지만, 그들은 일본의 전투기들을 수면고도까지 끌어내렸다. 바로 이때 미드웨이 해전의 승부를 판가름하는 운명의 순간이 다가왔다.

예상 해역에서 일본 기동부대를 발견하지 못한 미 항모 엔터프라이즈 USS Enterprise의 폭격대가 일본의 항모들을 발견한 것이다. 이들 폭격대는 앞선 미 항모 공격대를 공격하기 위해 저고도로 내려간 일본의 전투기들이 재상승하기 전에 일본 항모 아카기와 가가加賀를 향해 급강하 폭격을 감행했다. 이 중 가가에 4발의 폭탄이 명중했고, 나구모가 편승한 기함 아카기, 그리고 소류蒼龍의 비행갑판에도 폭탄이 명중했다. 항공기들이 연료를 가득 채우고 폭탄 또는 어뢰를 장착한 채 발진 준비를 갖추고 있던 일본 항모들의 비행갑판은 일순간 화염에 휩싸였다. 무적을 자랑하던 일본 기동부대의 항모 4척 중 3척이 불과 10여 분 만에 기능을 상실하게 되었던 것이다. 그리고 이들은 결국 몇 시간 내에 침몰하게 된다.

일본은 미 항모에 대한 반격을 결심하고 남은 1척의 항모 히류飛龍에서 공격기들을 발진시켰다. 이들은 폭격 후 복귀하는 항공기들을 착함시키고 있는 미 항모 요크타운USS Yorktown을 발견하고 폭격을 감행하여 3발의 폭탄을 명중시켰다. 요크타운은 신속한 보수작업으로 사용 가능한 상태가 되었지만, 또다시 접근한 나구모 기동부대의 최후 공격대가 발사한 어뢰 3발이 명중하여 운명을 다하게 된다.

요크타운이 공격받고 있을 때 미군 정찰기는 마지막 남은 일본의 항모 히류를 발견했다. 즉각적으로 미 항모의 폭격기 40여 기가 출격하여

1942년 6월 4일 미드웨이 해전에서 일본 항공모함 히류로부터 발진한 뇌격기로부터 공격을 받고 있는 미국 항공모함 요크타운 〈Public Domain〉

히류에 폭탄 4발을 명중시켰다. 히류는 탑재 중이던 폭탄의 폭발로 일어난 화재로 기능이 완전히 상실되었다. 일본 해군은 개전 이래 세계 최강을 자랑하던 기동부대의 항모 4척을 순식간에 잃고 말았다. 해전사상 가장 큰 규모로 전개된 미드웨이 해전Battle of Midway의 승패는 이렇게 결정되었던 것이다.

항모 기동부대로부터 후방 500마일 지점에서 주력부대를 이끌고 있던 야마모토는 항모 3척의 피격 보고를 받고 전함을 중심으로 한 야간

결전을 기도했으나, 히류마저 피격되었다는 소식을 접하고 결국 미드웨이 공략을 중단하기로 결심한다. 이에 따라 일본의 주력부대는 일본으로 퇴각했다.

미드웨이 해전 결과, 미국은 항모 1척과 구축함 1척, 그리고 항공기 150대와 307명의 손실을 입은 데 반해, 일본은 항모 4척과 중순양함 1척, 항공기 253대와 숙련된 조종사를 비롯한 3,500여 명의 인명 손실을 입었다. 이는 일본 해군이 창설된 이래 처음으로 경험하게 된 뼈아픈 패배였다. 이러한 일본의 대패 요인으로 가장 많이 거론되는 것이 세력의 분산 운용이다. 일본은 미드웨이 공략과 알류샨 열도 공략을 동시에 추진하면서 세력이 분산되었고, 주력부대와 기동부대도 400마일 이상의 거리를 두고 분산되어 전체 전력수의 우위를 점하고도 효과를 발휘하지 못했던 것이다. 이에 반해 미국은 알류샨 열도에 대해서는 미약한 세력으로 대응하게 하고 해전의 주역인 항모와 항공기를 미드웨이에 집중하도록 한 것이다. 또한 미국의 암호해독과 이를 통한 조기경보의 성공 또한 일본이 패배하게 된 결정적 요인으로 꼽히기도 한다.

이와 같이 미드웨이 해전은 태평양전쟁의 터닝포인트가 되었다. 진주만 공습 이래 해군 전력의 우세를 유지하면서 침공을 계속해온 일본은 이 해전으로 후퇴하게 되었고, 그때까지 수세에 몰려 있던 연합군이 해상작전의 주도권을 잡게 되었다. 태평양전쟁의 향방이 바로 이 일전으로 바뀌기 시작한 것이다.

KEYWORD 09
거함거포주의와 함대결전사상의 명암: 비운의 전함 야마토

태평양전쟁 당시 일본의 해군력을 상징하던 거대한 전함이 있었다. 바로 전함 야마토大和다. 야마토는 당시 일본의 군사기술이 집약된 초대형 전함이며, 일본 해군의 전쟁 원칙이던 거함거포주의巨艦巨砲主義와 함대결전사상艦隊決戰思想이 가장 이상적으로 구현된 함정이었다.

일본 해군은 청일전쟁과 러일전쟁에서 연이은 승리로 기습 선제공격과 함대결전을 통한 해전의 승리가 전쟁의 승리로 귀결된다는 믿음을 가지고 있었다. 미국과의 태평양전쟁 역시 하와이에 있는 미군을 선제공격한 후, 이를 구원하러 오는 미 태평양함대를 일본에게 유리한 위치로 유인한 다음 전함에 의한 함대결전으로 단 한 번에 섬멸하여 전쟁에 승리한다는 전략을 세우고 있었다. 야마토는 미 해군과의 함대결전에서 승리를 보장할 전력으로 군 수뇌부의 큰 기대 속에 건조된다.

일본은 1934년 제2차 런던 해군군축조약에 탈퇴하며 건함建艦 경쟁에 재시동을 걸었다. 탈퇴하자마자 이전부터 비밀리에 추진하던 초대형 전함의 건조에 본격적으로 착수하여, 1941년에 초도함인 전함 야마토를 취역시킨다. 당초 일본은 신형 전함 5척을 건조하기로 계획했다. 2번함 무사시武蔵는 1938년에 건조가 시작되어 야마토가 취역한 이듬해인 1942년에 실전 배치되었지만, 3번함 시나노信濃는 건조 도중 항공모함으로 용도 변경되었고, 나머지는 건조 계획이 취소되었다.

야마토급 전함은 당대 최대 규모를 자랑했다. 야마토의 경하톤수는 6만 5,000톤급에 만재톤수는 무려 7만 2,000톤으로, 2번함 무사시와 함께 역사상 일본이 건조한 가장 큰 전함이었다. 당시 해군군축조약으로 열강들이 보유한 대부분의 전함은 3만 5,000톤 이하였다. 재군비를 선언한 독일이 야심 차게 건조한 비스마르크Bismarck 전함이 5만 5,000톤이었으며, 일본의 야마토급 전함 건조에 대응하여 미국이 만든 아이오와Iowa급 전함이 5만 7,000톤임을 고려하면 야마토가 얼마나 큰 규모인지 짐작할 수 있다. 전함 야마토는 1950년대에 미국의 8만 톤급 항공모함 포레스털USS Forrestal이 등장하기 전까지 사상 최대의 군함이었다.

야마토를 건조할 당시 일본 정부는 전체 예산의 2%에 달하는 1억 5,000만 엔이나 투입하며 미국의 대형 전함들과 맞붙어 포격전을 실시해도 무조건 이길 수 있는 전함을 만들고자 했다. 그리하여 최대 규모의 선체뿐만 아니라 강력한 화력과 장갑裝甲, 빠른 기동력까지 갖추도록 했다. 특히, 야마토의 94식 460mm 함포는 당시 미 해군이 가진 가장 강력한 전함인 아이오와급 전함의 함포보다 구경이 더 컸다. 게다가 사거리는 40km가 넘었으며, 포탄 하나의 무게도 1.36톤에 달했다. 그러다 보니 460mm 포탑 하나의 무게만 해도 당시 중형 구축함의 배수량과 비슷한 3,000톤에 육박했고, 이러한 460mm 주포를 3문이나 보유했다. 뿐만 아니라 155mm 대공포 4문, 127mm 대공포 6문을 탑재하여 대공 화망을 구성했는데, 현대 전투함들의 주력 함포가 127mm이니 야마토

거대한 선체와 수많은 함포로 무장한 전함 야마토의 위용 〈Public Domain〉

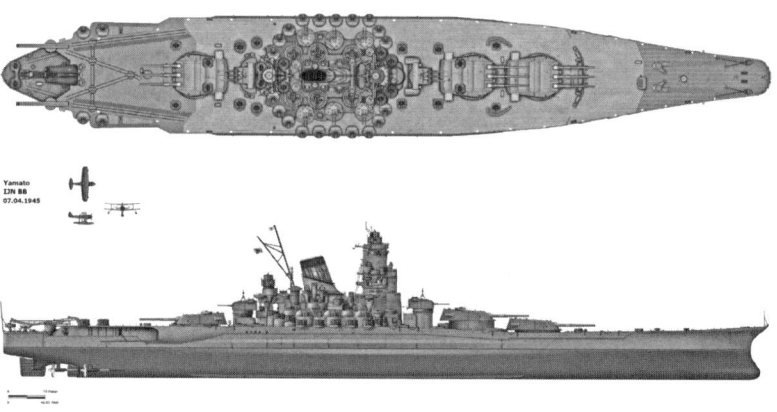

전함 야마토의 무장 배치도. 460mm 3연장 주포를 탑재한 포탑이 3개, 각종 부포와 대공포가 촘촘히 탑재되어 있다. 〈CC BY-SA 3.0 / Alexpl〉

의 화력이 얼마나 강한지 짐작할 수 있다.

또한 야마토는 미 해군 전함의 주포인 356mm와 406mm의 함포탄 400~600발을 맞아도 격침되지 않도록 설계되었다. 이 때문에 크기가 더욱 커질 수밖에 없었다. 특히 일본의 열처리 기술이 구미 열강에 비해 떨어져 선체를 만드는 철강의 품질이 좋지 않아 장갑을 두껍게 해야 했고, 다수의 대구경 함포까지 탑재하면서 결국 초대형 전함이 될 수밖에 없었다.

하지만 그사이 해전의 주력은 전함에서 항공모함으로 바뀌고 있었다. 이러한 변화로 인해 야마토는 덩치만 큰 애물단지로 전락하고 만다. 공교롭게도 해전의 패러다임을 바꾼 주체는 바로 일본 해군이었다. 항공모함을 이용한 진주만 기습은 당시 해전의 주 전력이었던 전함 대신 다수의 함재기를 탑재한 항공모함이 그 자리를 메울 수 있음을 보여주었다. 야마토는 규모가 너무 커서 공격 목표가 되기 쉬웠을 뿐만 아니라, 엄청난 예산을 투입해 건조한 함정이라 일본은 이를 최대한 안전하게 보존하려 했다. 더구나 태평양전쟁이 지속될수록 일본은 군수물자 부족에 시달리게 되어, 엄청난 유류를 소비하는 야마토의 출격을 더욱 주저할 수밖에 없었다. 결국 야마토는 출격보다는 군항에 정박해 있는 시간이 훨씬 더 많았고, 이 때문에 수병들에게 '야마토 호텔'로 불리기도 했다고 전해진다.

또한, 야마토는 거대한 구경의 주포로 인해 사격 시의 반동이 엄청났는데, 이는 그 큰 선체로도 쉽게 감당하기 어려웠고, 사격통제체계와 레이더의 성능도 미 해군에 비해 현격히 떨어졌다고 평가된다. 게다가 야마토는 리벳rivet-볼트bolt의 절단으로 해수가 유입되는 치명적인 구조를 가지고 있었다. 전함의 내구력은 직접적인 방어에 관여하는 외부 장갑뿐

1941년 수쿠모(宿毛)만을 항해 중인 전함 야마토 〈Public Domain〉

만 아니라, 적의 포탄이나 어뢰에 피격되더라도 그 피해가 확산되는 것을 막는 구조에 영향을 받는다. 피격 시의 충격을 분산하기 위해서는 선체를 용접하고 부분적으로 리베팅하여 접합하는 방식으로 건조해야 했으나, 일본은 리벳-볼트를 무려 615만 개나 사용하여 야마토를 조립했던 것이다. 이는 외부의 두꺼운 장갑판이 적의 포격을 막아낸다 하더라도 그 충격으로 내부의 리벳-볼트가 부러진다면 장갑판이 밀려나면서 막대한 양의 해수가 선체 내부로 유입될 수 있다는 것을 의미한다. 실제로 야마토와 무사시가 격침될 당시 이러한 문제가 발생했다. 그리고 외부 장갑을 뚫고 들어온 포탄이나 항공폭탄이 내부에서 유폭을 일으킬 경우, 이를 막아내기도 어려운 구조였다.

이러한 내외부적인 문제들로 인해 야마토는 일본 해군의 원대한 기대와는 어긋나게 태평양전쟁 내내 제대로 활약하지 못했고, 별다른 전과도 얻지 못했다.

1945년 4월 야마토는 미군의 오키나와 상륙을 차단하는 작전에 참전했으나, 미 항모기동부대에 발각되어 300여 기의 전투기로부터 1시간 40여 분 동안 집중 공격을 받고 침몰하고 말았다. 역사상 최대의 전함으로 자타가 공인하던 야마토의 침몰은 20세기의 거함거포주의와 함대결전사상의 종말을 뜻하는 것이기도 했다. 〈Public Domain〉

미드웨이 해전 이후 태평양전쟁의 전세는 미국으로 넘어가기 시작했고, 일본은 이후 과달카날 해전Battle of Guadalcanal, 필리핀해 해전Battle of the Philippine Sea 등 장기간의 주요 해전에서 연이어 패하면서 대부분의 전력을 잃게 된다. 항공모함과 함재기 전력이 바닥난 일본 해군은 야마토급 전함을 더 이상 부두에 묶어둘 수는 없었다.

이리하여 태평양전쟁 말기 일본은 야마토와 무사시를 비롯한 남은 수상함 전력을 결집하여 미국과의 함대결전을 위해 전선에 투입한다. 하지만 항모 탑재 전투기의 엄호가 없는 상태에서 미 해군 전투기들의 공격을 막아내기에는 역부족이었고, 결국 1944년 10월 레이테만 해전Battle of Leyte Gulf에서 무사시는 미 항모의 전투기들로부터 집중공격을 받고 침몰한다. 야마토 역시 이듬해 4월 미군의 오키나와 상륙을 차단하는 작전에 참전했으나, 미 항모기동부대에 발각되어 300여 기의 전투기로부터 1시간 40여 분 동안 집중 공격을 받고 침몰하고 말았다.

역사상 최대의 전함으로 자타가 공인하던 야마토의 침몰은 20세기의 거함거포주의와 함대결전사상의 종말을 뜻하는 것이기도 했다. 야마토로 상징되는 시대에 뒤떨어진 일본군의 집착은 결국 일본이 태평양전쟁에서 패배하는 결정적인 요인이 되었다고 해도 과언이 아닐 것이다.

그럼에도 불구하고 오늘날까지 야마토함에 대한 일본인의 향수는 대단하다. 영화로도 만들어져 큰 인기를 얻었고, 야마토함의 10분의 1 크기 모형과 유물, 기록 등을 전시한 구레吳의 야마토 뮤지엄(www.yamato-museum.com)에는 일본인들의 발길이 끊이지 않고 있다.

KEYWORD 10
일본이 자초한 태평양전쟁의 말로: 자살 특공대, 가미카제

가미카제神風 특공대는 일본의 패색이 짙어진 태평양전쟁 말기에 전투기에 폭탄을 싣고 적함에 충돌하여 자살공격을 감행한 일본 해군의 특공대다. 일본어로 '가미카제'라는 말은 '신의 바람'을 뜻한다. '가미카제'라는 이름은 13세기 여몽 연합군의 함대가 일본 규슈 지방으로 침입해왔을 때 태풍이 불어 함대를 침몰시켰던 역사적 사건에서 유래한다. 일본인들은 이 태풍을 신이 보내준 바람, 즉 가미카제라 부르며 숭상해왔다. 이후 일본 해군의 자살 특공대에도 가미카제라는 이름이 붙여진 것이다.

태평양전쟁 말기, 전세는 미국 쪽으로 기울고 있었다. 미군 상륙부대는 태평양을 가로지르는 섬들을 점령해갔다. 다른 쪽에서는 뉴기니로부터 필리핀을 향해 위쪽으로 나아갔다. 1944년 6월 사이판을 둘러싼 공방전은 혈전을 거듭했다. 사이판이 함락되면 일본 본토에 대한 직접적인 공습이 가능해지기 때문에 일본군도 사력을 다해 방어했지만, 결국 미군에게 함락되었다. 같은 해 10월에는 필리핀에, 1945년에는 사상 최대의 격전 끝에 이오지마硫黃島와 오키나와沖繩에 미군이 상륙했다.

1944년 11월 25일, 가미카제 특공대의 폭격기(위)가 자살공격을 감행하여 미국 함정 에식스(USS Essex)가 폭발하는 장면(아래) 〈Public Domain〉

1945년 초 가미카제 특공대의 자살공격을 위해 대기 중인 미쓰비시 제로센 전투기 A6M5 52형. 일본 해군 조종사들은 제로센 전투기에 250kg 폭탄을 싣고 연합군 함정에 육탄 돌격을 하는 무모한 공격을 가했다. 〈Public Domain〉

당초 일본이 점령하고 있던 필리핀에 미군이 상륙하자, 일본군은 미군의 진군을 막는 수단으로 가미카제 특공대를 편성하여 공격하기 시작했다. 일본 해군 조종사들은 제로센 전투기에 250kg의 폭탄을 싣고 연합군 함정에 육탄 돌격을 하는 무모한 공격을 가했다.

가미카제 특공전이 극에 달한 건 오키나와 상륙작전이었다. 2개월여의 전투 기간 중 무려 1,700여 대가 넘는 항공기가 가미카제 특공 작전에 참가했다. 이들은 미 해군의 조기경보 레이더에 탐지되어 공중전에서 격추된 수가 적지 않으나, 15% 정도가 연합군 함정에 돌진하여 전과를 거두었던 것으로 전해진다. 가미카제 공격으로 연합군의 전함 9척, 항공모함 10척을 비롯하여 총 200여 척이 오키나와 해역에서 손상을 입었다. 그러나 이로 인해 실제로 침몰된 것은 구축함 수척과 그 이하의 함정 20여 척이었다. 주요 목표물인 항공모함은 침몰시키지 못했고, 손상을 입은 함정도 대부분 복구되었다. 엄청난 전력 손실에 비해 얻은 전과는 초라했다.

가미카제 특공 전법이 등장한 배경에는 기량이 우수한 조종사들이 부

1945년 5월 11일 가미카제 자살 특공대의 공격으로 폭발하는 미 항모 벙커힐(USS BUNKER HILL) 〈Public Domain〉

족해진 것에 있었다고 한다. 태평양전쟁 초기 일본 해군 조종사들의 기량은 미군이 고전을 면치 못할 정도로 우수했다고 한다. 그러나 감투정신을 지나치게 강조한 일본군의 풍조 때문에 전쟁 초기에 우수한 조종사 대부분이 전사하고, 군수물자의 결핍과 훈련 부족으로 후속 조종사의 양성이 원활하지 못했다. 결국 일본 군부는 전쟁 말기에 훈련량이 부족한 조종사라도 수행할 수 있는 작전으로서 가미카제 특공을 고안했다. 4,000명에 가까운 비행연습생, 학도병, 초급장교들이 폭탄을 실은 전투기를 몰고 미군의 함정으로 돌격했다. 확인된 조선 학도병도 10명이 넘는다. 하지만 이로써 일본 해군의 항공기와 조종사가 전멸 상태까지 이르게 된 건 당연한 귀결이었다.

정상적인 사고를 지닌 사람들에게 가미카제 특공은 생명을 경시한 강요된 살인에 불과하다. 특공대원들은 일왕의 신민으로 국체를 지키기 위해 옥쇄玉碎를 각오한다며 지원했다고 한다. 그러나 대부분의 젊은이들은 군국주의 분위기에 억눌려 어쩔 수 없이 지원하게 된 것이었다. 당시 일본 신문들은 가미카제 특공대의 영웅스런 출격 장면을 촬영하여 홍보했다. 또 이들의 용맹성을 유서나 편지, 또는 노래에 실어 전했다. 하지만 전쟁 이후에 드러난 생존자의 증언과 기록에 따르면, 유서나 편지에 속마음을 쓰기가 어려웠다고 한다.

문제는 지금까지도 가미카제 특공대를 국가를 위해 숭고한 희생정신을 발휘한 영웅으로 미화하고 있다는 것이다. 도쿄의 야스쿠니 신사에는 가미카제 특공대원들의 유서와 편지, 그리고 가미카제 특공에 사용된 제로센 전투기가 자랑스럽게 전시되어 있다. 또한, 요즘 일본에서는 가미카제를 다룬 소설과 영화가 큰 인기를 얻고 있다. 급기야 일본의 한 지방자치단체는 가미카제 특공대원의 유서와 편지, 사진 333점을 유네스코 세계기록유산으로 신청했다. 아무리 전쟁이라고 해도 수많은 젊은 생명들을 자폭의 길로 내몬 군국주의를 반성하기는커녕 이를 미화하는 일본의 한 단면에 깊은 우려를 떨칠 수 없다.

KEYWORD 11
Y위원회: 어제의 적과 해군을 창설하다

1945년 8월 15일, 일왕의 항복 선언이 라디오 방송으로 일본 전역에 흘러나왔다. 이와 동시에 일본 육군과 해군은 모든 전투를 중단하게 되었고, 9월 2일 미 해군의 전함 미주리USS Missouri(BB-63) 함상에서 일본의 항복문서 조인식이 거행되면서 전쟁은 완전히 종결되었다.

이와 함께 일본 해군은 1869년 창설 이래 76년 만에 역사 속으로 사라지게 된다. 이후 일본 육·해군 군인들에 대한 전범재판이 실시되고, 일본의 무장해제와 철저한 비군사화를 핵심으로 한 연합국의 대일 점령 정책이 시행되면서 일본의 해군력을 다시 부활시킨다는 것은 당시 어느 누구도 상상조차 할 수 없는 일이었다. 이러한 시대적 분위기 속에서 일본의 해군력은 어떻게 다시 부활하게 되었을까?

일본 해군이 해체되면서 당시 해상의 치안유지를 담당하는 조직이 없어져 일본 주변 해역에는 밀항과 밀수, 불법 어로 등의 해상범죄가 횡행하는 등 치안이 급속히 악화되었다. 이에 따라 1948년에 해상 치안유지를 목적으로 한 해상보안청이 설립되었는데, 당시 연합군최고사령부는 해상보안청의 설립이 일본 해군의 부활로 이어지지 않도록 해상보안청

1945년 9월 2일 미 전함 미주리 함상에서 일 외무대신이 항복문서에 서명하고 있다. 〈Public Domain〉

의 인원수, 보유 함정의 척수와 톤수, 조직 운영 등에 여러 가지 제약을 두었기도 했다.

하지만 종전 후 얼마 지나지 않아 국제정세가 급변하면서 일본의 군사력 재보유에 대한 인식이 고개를 들게 되었다. 미국과 소련 간의 대립이 첨예화되면서 동서냉전이 격화되기 시작했고, 미국은 일본의 비군사화 정책을 수정하고 일본을 서방 진영의 일원으로 포함하기로 한다.

이러한 가운데 1950년 6월 25일 한국전쟁의 발발은 일본의 재군비 희망의 단비가 된다. 점령군으로서 일본에 주둔하고 있던 미군 부대가 한국군 지원을 위해 한반도로 투입되면서 일본의 독자적인 군사력 보유가 추진되었다. 우선 경찰예비대가 창설되고, 기존 해상보안청의 인원 및 전력을 보강하는 등 재군비를 향한 발걸음을 내딛기 시작했다.

그리고 이때부터 일본의 해군력 재건을 위한 미일 해군 간의 비공식적인 논의가 시작되게 된다. 1950년 10월 일본의 요시다吉田茂 수상이 주최한 한 파티에서 당시 미 극동해군사령관 조이C. Turner Joy 중장이 일본의 노무라野村吉三郞 전 해군대장에게 소련으로부터 반환된 호위함Patrol Frigate, PF 10척을 일본에 양도할 수 있다고 언급한 것이 계기가 되어, 일본의 구 해군 출신 간부들을 중심으로 해군 재건을 위해 비밀리에 연구를 시작했다.

한편, 일본의 해군 출신 간부들과 함께 일본의 해군력 재건에 적극적인 역할을 한 미 해군 인사는 미 극동해군사령부 참모부장 알레이 버크Arleigh A. Burke 소장이었다. 그는 일본 해군 출신 간부들이 만든 해군 재건계획을 면밀히 검토하고 이를 추진하는 데 지원을 아끼지 않았다. 그는 처음에는 어제의 적이었던 일본 해군 군인들에게 강한 증오감을 가지고 있었지만 일본 해군 재건을 함께 추진하면서 그들과 깊은 신뢰관계를 구축했다고 전해지며, 미 해군대장이 된 이후에도 그는 해상자위대 창설기에 적극적인 역할과 지원을 마다하지 않았다고 한다. 그리하여 버크 제독은 오늘날에도 해상자위대의 탄생에 큰 공을 세운 인물로 회자되고 있다.

알레이 버크 제독과 구 일본 해군 출신 간부들 간에 일본 해군 재건에 관한 연구와 논의가 진행되던 가운데, 1951년 10월 당시 연합군최고사령관 리지웨이Matthew B. Ridgway 미 육군대장(더글러스 맥아더 장군의 후임)은 일본의 요시다 수상과의 회담에서 "미국은 군함을 일본에 양도할 용의가 있다"고 공식적으로 제안했고, 요시다 수상은 이를 받아들였다. 이와 함께 일본 정부는 미국의 양도 함정으로 일본의 해상경비를 담당할

일본의 해군 출신 간부들과 함께 일본의 해군력 재건에 적극적인 역할을 한 미 극동해군사령부 참모부장 알레이 버크 소장. 미 해군대장이 된 이후에도 그는 해상자위대 창설기에 적극적인 역할과 지원을 마다하지 않았다. 그리하여 버크 제독은 오늘날에도 일본 해상자위대의 탄생에 큰 공을 세운 인물로 회자되고 있다. 〈Public Domain〉

새로운 조직을 만들기 위해 일본 정부 직할의 비밀조직으로서 Y위원회를 설치하도록 했다. Y위원회는 구 일본 해군 출신 간부 8명과 해상보안청 직원 2명으로 구성되었고, 미 해군 측 인원들도 비밀리에 연계되었다. Y위원회로 불리기 된 이유는 위원회의 중심적인 인물이었던 구 일본 해군 간부 두 사람의 성의 이니셜이 Y였기 때문이라고 한다.

Y위원회는 발족부터 약 6개월 동안 정례위원회 18회, 임시위원회 11회, 미 극동해군과의 합동위원회 3회를 개최하며 새로운 해군 조직을 창

구 일본 해군과 해상보안청, 미 해군으로 구성된 Y위원회의 모습 〈Google Japan〉

설하기 위한 준비를 적극적으로 추진했다. 이러한 준비작업은 조직편제, 인력확보, 교육훈련 등을 중심으로 이루어졌는데, 그 전제로 새로운 조직의 기본적인 성격을 어떻게 규정할 것인가 하는 문제가 대두되었다. 해군 출신 군인들은 독자적인 해군 조직을 건설해야 한다고 주장한 데 반해, 해상보안청 측은 새로운 조직을 해상보안청의 하부 조직으로 해야 한다고 주장하면서 논의는 평행선을 달렸다. 결국 미 해군 측이 일본 해군 출신들의 주장을 대폭 받아들여 새로운 해군 조직을 해상보안청 내에 설치하되 언제라도 분리할 수 있는 조직으로 편성하기로 했다.

Y위원회의 검토 결과에 따라, 1952년 4월 새로운 해군 조직으로서 해상경비대가 해상보안청 내에 창설된다. 해상경비대의 창설이 결정되자, 일본 전국 각지에서 구 해군 출신들의 지원이 쇄도했고, 그 결과 해상경비대 인원의 95% 이상이 구 해군 출신들로 구성되었다. 그리고 일본 해

군이 사용하던 시설과 장비를 다시 사용하고, 조직 문화와 전통을 그대로 계승하여 부대를 만들기 시작했다. 사실상 일본 해군이 부활한 것이었다.

해상자위대가 구 일본 해군의 후예라고 불리는 이유가 바로 여기에 있다. 구 일본 해군 출신 간부들에 의해 해군 재건의 토대가 마련되고 Y위원회를 통해 해상경비대가 만들어졌으며, 이것이 그대로 해상자위대로 이어졌기 때문이다. 해상자위대는 다시 태어난 일본 해군이라 해도 과언이 아니다.

패전한 지 5년밖에 되지 않은 시점에서 어제의 적에게 협력을 구하고 친밀한 유대를 맺으며 다시 부활하기 위해 절치부심한 일본 해군을 보면서 역사의 냉혹함을 느낀다.

KEYWORD 12
제국해군에서 자위함으로 부활한 와카바

1945년, 태평양전쟁에서 항복한 일본에 대해 미국은 일본군을 무장해제하고 동원해제하도록 명령했다. 일본은 해군의 전통과 정신을 계승시킨다는 명목 하에 해군성을 설치하는 등 장래를 대비한 방안을 구상했으나, 해상치안유지, 어업보호, 밀수방지 등 연안경비 수준의 소형 함정을 전용하는 선에 그치고 말았다.

그런데 일본 해군의 구축함 한 척이 해상자위대 함정으로 되살아나는 일이 발생한다. 일본 해군에서 인계된 유일한 함정인 나시梨함에 대한 이야기다.

일본 해군 구축함 나시는 구축함으로 가와사키중공업 고베神戶 함선공장에서 1945년 1월에 진수하고 3월에 준공했다. 같은 해 3월 작전 참가 계획이 취소되어 4월 초부터 부두에 계류되어 주로 정박훈련을 했다. 이후 인간어뢰로 유명한 가이텐回天의 탑재운용 능력이 추가되었고, 가이텐의 기지가 위치한 야마구치현山口縣으로 이동하여 7월에는 가이텐의 각종 훈련을 맡았다.

그러나 1945년 7월 정박 중에 미 항모기동부대 함재기의 공습을 받

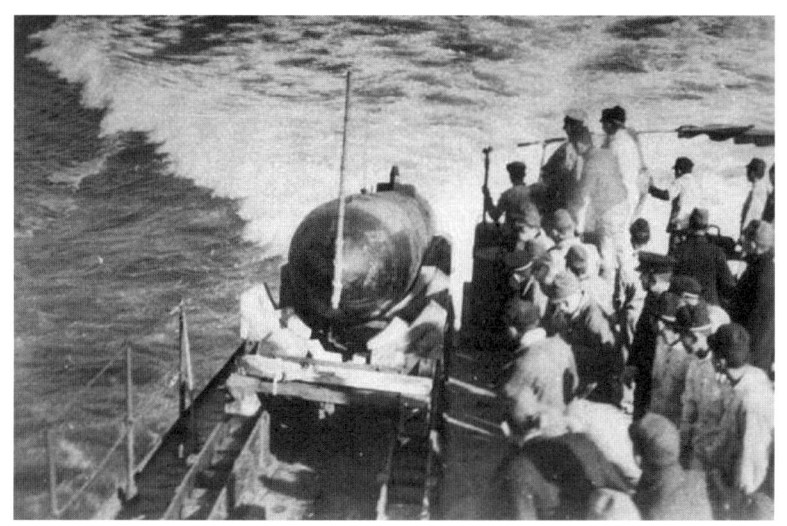

1945년 2월 18일 일본 구축함 기타카미에 탑재된 인간어뢰 가이텐 〈Public Domain〉

아 함정 곳곳에 로켓탄을 맞고 탄약고에 화재가 발생했다. 이후 급격한 침수로 경사가 기울어져 총원 퇴함명령이 발령되었으며, 오후 2시에 전복되어 침몰했다. 인간의 삶으로 치자면 탄생하여 불과 4개월 만에 숨을 거둔 것이다. 당시 전사자는 38명이었고, 인근에 동료 함정이 155명을 구조했다. 그러나 나시함을 침몰시킨 것은 폭격기도 전격기도 아닌 보통의 전투기에 불과했다. 그런데 나시함의 기구한 운명은 여기서부터 시작되었다.

종전 후 1954년에 한 일본 기업이 폐철 사용을 목적으로 나시함을 부양시켰다. 그런데 10년 가까이 바닷속에 있었는데도 의외로 상태가 좋은 나머지 당시 방위청은 인양업체에게 배를 구입하여 재취역하는 계획을 세웠다. 이후 수리를 통해 거듭난 이 배는 1956년 해상자위대에 편입되었으며, 1958년 무장을 장비하여 DE-261 와카바ゎかば로 재취역했다.

일본 해군의 구축함으로서 유일하게 해상자위대에서도 활동한 와카바함의 항해 모습 〈일본 해상자위대〉

　이후 와카바함은 1962년, 미야케지마三宅島 분화 때 피난민 수송에 활약했고, 1968년에는 실용실험대에 편입되어 음파탐지기와 어뢰 등 신무장의 시험함 임무를 담당했다. 결국 1971년 2월에 수명을 다하여 에타지마江田島에서 해체되어 굴곡 많은 일생을 마쳤다고 한다. 일본 해군 함정의 마지막이었다.

　일본 해군의 구축함으로서 유일하게 해상자위대에서도 활동한 와카바함은 일본 해군의 전통을 계승하는 상징이 되었다고 한다. 많은 희생자가 있었던 배였기 때문일까? 유령 소동도 끊이지 않았다고 전해진다.

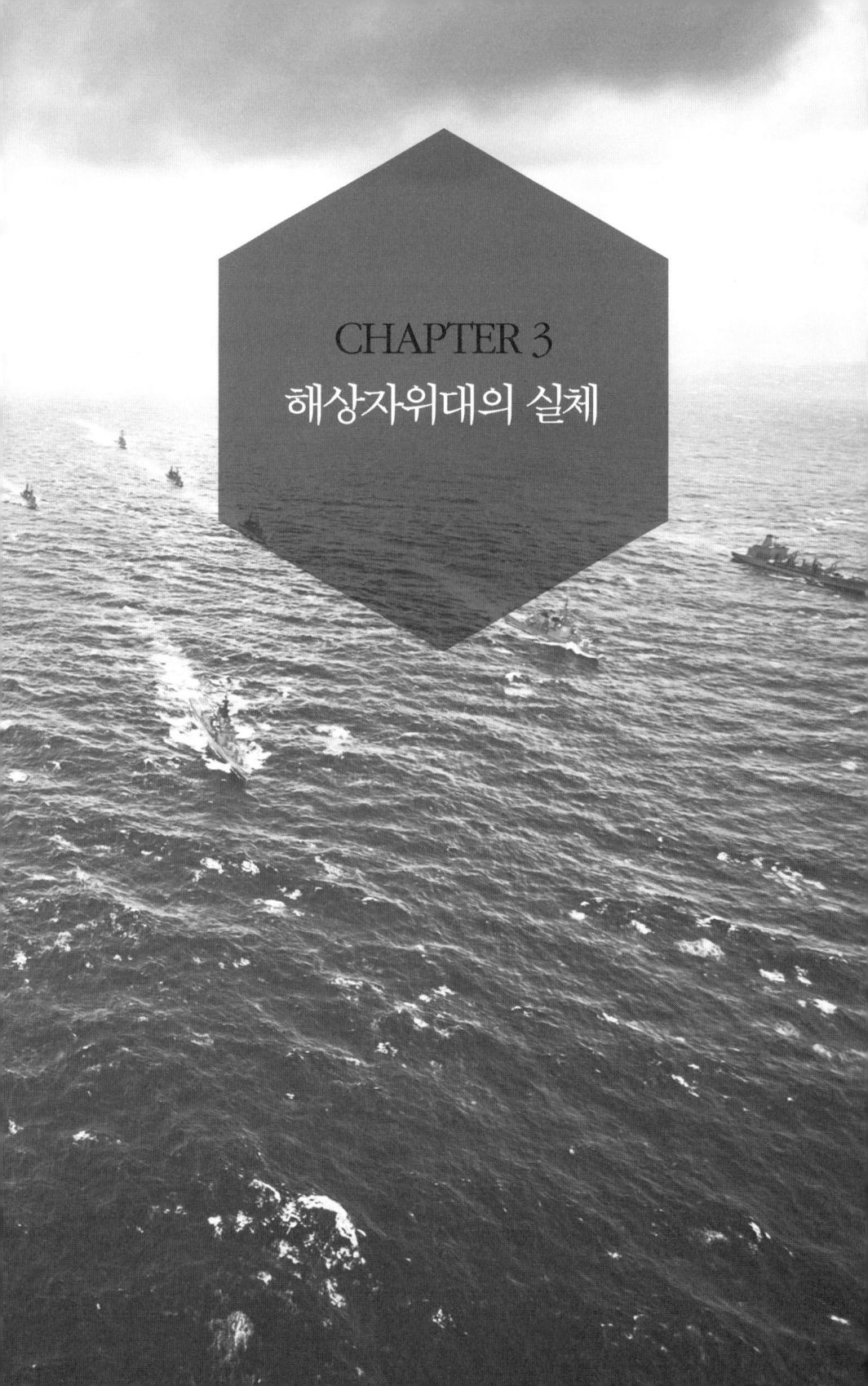

KEYWORD 13
탄탄한 조직, 해상자위대

해상자위대海上自衛隊, Japan Maritime Self-Defense Force, JMSDF는 일본 방위성(우리나라의 국방부에 해당)에 소속된 기관이다. 자위대라는 단어가 낯설지만 사실상 외국에서는 해상자위대를 일반 국가의 해군으로 받아들인다. 해상자위대의 수장은 우리나라의 해군참모총장에 상응하는 해상막료장이다. 해상막료장의 예하에는 해상막료감부, 자위함대, 5개 지방대 등이 있다. 해상막료감부는 방위대신(우리나라의 국방부장관에 해당)의 지휘를 받으며 해상자위대의 두뇌 역할을 한다. 우리나라의 해군본부와 동일한 성격의 부대로 도쿄 이치가야市ヶ谷에 위치하고 있다.

  가장 큰 부대는 해상 전력을 운용하는 자위함대로 호위함대護衛艦隊, 잠수함대潛水艦隊, 항공집단航空集團, 이 3개 조직으로 편성된다. 자위함대 전 부대의 사령부는 가나가와현神奈川縣에 소재하고 있다(항공집단만 아야세시綾瀬市에 소재해 있고, 그 외는 요코스카시橫須賀市에 소재해 있다). 호위함대는 일본 전역을 둘러싸는 바다를 초계하고, 유사시 신속하게 전개가 가능하도록 요코스카(가나가와현), 오미나토大湊(아오모리현青森縣), 마이즈루舞鶴(교토현京都縣), 사세보佐世保(나가사키현長崎縣), 구레吳(히로시마현広島縣)

도쿄 이치가야에 위치한 일본 방위성(좌측 건물이 해상막료감부) 〈CC BY-SA 3.0 / 本屋〉

등 5개 지역으로 분산되어 있다. 또한 이 5개 항에는 호위함대와는 별도로 지방대가 호위함대를 지원하며 지역방위의 임무를 맡는다. 해상자위대 주요 기지는 '키워드 18'에서 자세히 설명할 예정이다. 전체적인 해역방위 그림을 그리면 일본 열도를 촘촘하게 방어하는 모양새다.

특히 눈여겨볼 부대는 항공부대로, 규모나 전력 면에서 미군과 같은 항공해군의 특성을 가졌다. 중장이 지휘하는 항공집단사령부 예하에는 소장이 지휘하는 항공군航空群이 6개나 되며, 항공부대의 인원수는 호위함대 인원의 절반을 조금 넘는 수준이다. 주요 항공기지 중 아쓰기厚木 기지(가나가와현神奈川縣), 이와쿠니岩國 기지(야마구치현山口縣)는 일부를 미군과 공동으로 사용하고 있다.

잠수함대의 경우, 각 잠수함의 모항母港은 정해져 있지만, 잠수함의 임

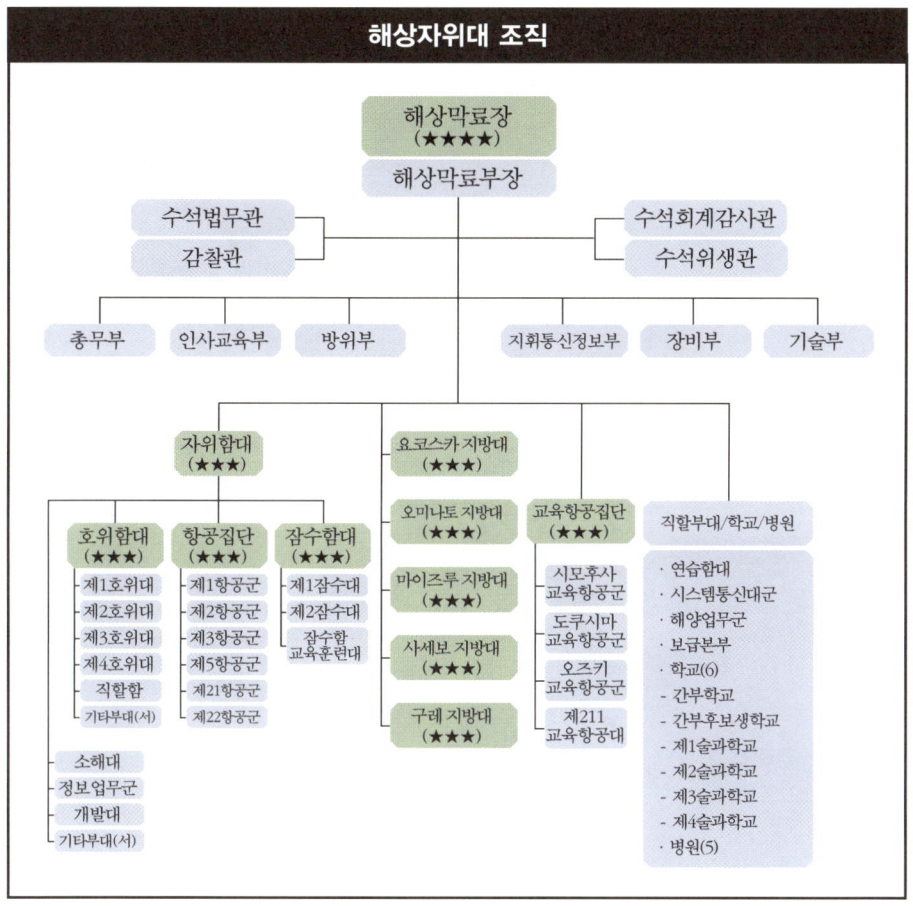

무 특성상 언제 어디에 배치되고 어떤 작전에 참가하는지에 대한 내용은 최고도의 군사기밀로 분류된다.

그 외 해상자위대의 특성은 소장급이 지휘하는 소해대군掃海隊群 전력이 4개 지방대에 소속되어 있는 점이다. 소해대군은 해중의 기뢰 제거를 임무로 하는 소해함 전력과 수중폭발물처리반, 그리고 기뢰부설 및 소해 항공기 운용을 주 임무로 하는 소해모함 전력으로 구성된다.

해상자위대의 함정은 총 100여 척, 항공기는 230여 기다. 해상자위대

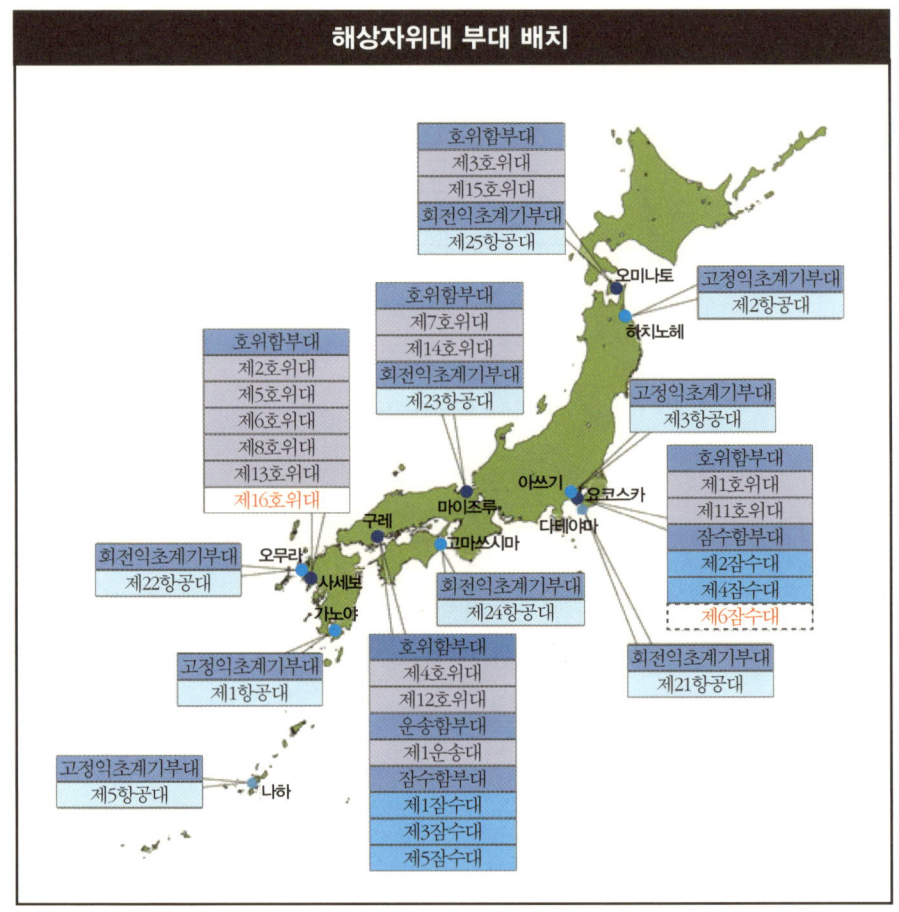

의 각 부대는 전력의 교육훈련, 지원 등을 담당하고, 자위함대는 통합막료감부(우리나라의 합동참모본부에 해당)의 지휘로 운용된다.

KEYWORD 14
세계 탑 클래스, 최첨단·다기능 전력: 수상함

해상자위대는 주력 전투함인 호위함 전력을 비롯하여 각종 지원함과 정보함 등 다양한 유형의 수상함을 보유하고 있다. 특히, 해상자위대의 주력 수상함 부대인 호위함대는 DDH(Helicopter Destroyer: 헬기탑재 호위함) 4척, DDG(Guided Missle Destroyer: 유도탄 호위함) 8척, DD(Destroyer: 호위함) 30척, DE(Escort Vessel: 호위함) 6척 등 총 48척의 전력을 보유하고 있다. 호위함대의 4개 호위대군護衛隊群 전력은 해상기동부대이자 유사시 즉응전력으로서 해상자위대 전력의 핵심을 이루고 있다. 특히 탑재 장비와 무기, 화력의 성능 측면에서 해상자위대 호위함대 전력은 미국에 이어 러시아와 세계 2, 3위에 해당하는 것으로 평가되고 있다.

해상자위대 호위함대는 전후 미 해군으로부터 양도받은 1,450톤급 PF^{Patrol Frigate}로 편성된 수상함 부대를 창설하면서부터 시작되었다. 동시에 1950년대 중반부터 함정의 국산 건조를 시작하여 1970년대까지 해상방위를 위한 기초적인 전력 건설을 추진하여 약 15척의 중형 호위

함을 확보했다. 이후 냉전기 구소련의 군사력 증강에 대처하기 위해 미일동맹체제 하에서 일본이 수행할 수 있는 전략적 역할로 해상교통로 방위와 해상방공체제의 확립을 중시하게 되면서 1980년대부터 호위함의 전력증강을 적극적으로 추진하게 된다. 이 시기부터 대잠·대공전 능력을 갖춘 중·대형 호위함을 대량 건조하고 이지스함을 도입하는 등 전력을 약 50여 척 수준까지 대폭 증강하여 오늘날 호위함대의 기본 골격을 형성했다.

탈냉전기 일본은 우수한 대잠·대공·대함전 능력을 갖춘 범용 호위함을 대량 건조하여 오늘날의 막강한 호위함대 전력을 구축하게 된다.

    탈냉전기부터는 자위대의 활동영역 확대, 대량살상무기 확산 등의 새로운 안보위협에 대한 대응 등 다양한 임무를 수행할 수 있는 다기능 첨단전력의 확보가 추구되었다. 이에 따라 일본 주변 해역에서 벗어나 해외에서 전력 투사가 가능한 대형 수송함, 우수한 대잠·대공·대함전 능력을 갖춘 범용 호위함을 대량 건조하고, 북한의 탄도미사일 위협에 대응하기 위해 이지스함의 추가 건조 및 기존 이지스함의 성능을 개량하게 된다. 2000년대 후반부터는 영토분쟁과 대테러·대해적 작전 등의 국제

CHAPTER 3 _ 해상자위대의 실체 | 105

적 임무에 효과적으로 대응하기 위해 즉응성, 기동성 및 육·해·공 자위대 통합운용을 중시한 항모형 호위함, 신형 범용 호위함 등을 확보하여 오늘날의 막강한 호위함대 전력을 구축하게 된다.

해상자위대의 호위함 전력의 특징은 먼저, 평균 함령이 15년 이하일 정도로 신형 함정의 비율이 높고, 첨단기술이 적용된 신형 장비와 무기가 탑재되어 있다는 것이다. 미일동맹을 바탕으로 이지스 전투체계 및 유도탄 등의 첨단무기를 미국으로부터 일찍이 도입하고, 제1·2차 세계대전부터 오랜 기간 축적된 기술력을 바탕으로 각종 탐지센서와 무장 등의 국산 개발을 지속적으로 추진하여 호위함에 탑재하고 있다. 이와 같이 호위함 탑재 장비의 높은 질적 수준과 성능이야말로 해상자위대 전력의 가장 큰 강점이라 할 수 있다.

전력의 첨단화와 더불어, 해상자위대의 또 다른 특징으로 호위함의 다기능화를 들 수 있다. 모든 호위함이 대잠헬기를 1기 이상 탑재할 수 있고, 대잠소나와 무기를 장착하여 대잠전을 수행할 수 있다. 동시에 모든 호위함이 함대공유도탄과 근접방어무기체계를 탑재하여 대공전 능력도 갖추었다. 최근 건조된 항모형 호위함은 다수의 대잠헬기를 운용하여 대잠전을 수행할 수 있을 뿐만 아니라 대규모 수송 능력과 함대 지휘통제 능력도 보유하고 있다. 이와 같이 호위함대 전력은 다양한 기능을 수행할 수 있도록 다양한 장비와 무기를 탑재한 대형 함 위주의 전력으로 구성되어 있다. 해상자위대의 소형 전투함은 지방대에 배치된 하야부사(やぶさ)급 유도탄고속함 6척이 전부다. 이 또한 더 이상 건조하지 않고, 향후에도 대형 함 위주의 다기능 호위함을 건조할 계획이다.

해상자위대는 2008년 호위함대 대개편을 단행하여 호위함대의 전력 편성, 지휘구조 등을 크게 바꾸었다. 호위함대 예하의 4개 호위대군(제1

·2·3·4호위대군)을 각각 2개 호위대로 구성하고, 각 호위대는 4척의 호위함으로 편성했다. 각 호위대는 DDH 1척, DDG 1척, DD 2척으로 구성되는 DDH 그룹의 호위대(대잠전 중시형 그룹)와, DDG 1척과 DD 3척으로 구성되는 DDG 그룹의 호위대(함대방공 중시형 그룹)로 편성했다. 또한 기존의 각 호위함의 모항을 변경하지 않되, 소속 호위대만을 재편성함으로써 같은 호위대 소속의 호위함들이 수리→교육훈련→작전임무라는 운용 주기가 일치되도록 했다.

뿐만 아니라 호위함 전력을 지휘하는 호위함대사령관은 오로지 'Force Provider(전투력 관리 책임자)'로서 호위함대 전력의 전투력을 유지·관리하는 역할만을 수행하고, 유사시 호위함대 전력의 운용 및 전투지휘는 'Force User(사태 대처 책임자)'로서 자위함대사령관이나 각 지방총감이 맡게 되었다.

한편, 4개 호위대군의 32척의 주력 호위함과는 별도로 호위함대 직할의 5개 호위대(11·12·13·14·15호위대)에도 선령이 오래된 총 15척의 중형 호위함을 편성하여, 유사시 연안방어용 전력으로서 지방총감이 운용하게 되었다. 2014년에 발표된 방위계획대강에 의하면 향후 호위함대 직할의 호위대는 6개로 확대되며, 호위함대의 전력도 총 54척으로 증가될 예정이다.

그 외에도 해상자위대는 다양한 유형의 지원함과 정보함을 보유하여 주력인 호위함 전력의 기능과 역할을 폭넓게 지원하고 있다. 이제부터 세계 탑 클래스의 해상자위대 수상함 전력의 면모를 살펴보겠다.

이즈모급 호위함 (DDH IZUMO CLASS)

- DDH-183 (이즈모)   2015년 취역 / 제1호위대(요코스카)
- DDH-184 (가가)   2017년 취역 예정

해상자위대의 두 번째 항모형 호위함이자 최대 규모의 함정이다. 휴가급보다 헬기 탑재 능력이 증대되었고, 대규모 수송 및 군수지원, 함대 지휘통제 능력 등을 보유한 다기능 함정이자, 호위대군의 기함이다.

경하 / 만재배수량	19,500톤 / 24,000톤	길이 / 폭 / 흘수	248m / 38m / 7.3m
기관	가스터빈 4기 2축 (112,000마력)	최대속력	30노트
승조원	470명	건조비용	1,140억 엔 (약 1조 2,200억 원)
주요 무장	RAM 2기, PHALANX 2기		
항공기	SH-60K 대잠헬기, MCH-101 소해헬기, 수송헬기 등 최대 14기		

휴가급 호위함 (DDH HYUGA CLASS)

- DDH-181 (휴가)   2015년 취역 / 제1호위대군(요코스카)
- DDH-182 (이세)   2015년 취역 / 제4호위대군(구레)

해상자위대의 최초 항모형 호위함이다. 다수의 헬기 운용, 대규모 수송, 함대 지휘통제 능력 등 다양한 기능을 보유한 호위대군의 기함이다.
최신형 소나 체계 및 무장 등 우수한 대잠전 능력도 보유했다.

경하 / 만재배수량	13,500톤 / 19,000톤	길이 / 폭 / 흘수	197m / 33m / 7.0m
기관	가스터빈 4기 2축 (100,000마력)	최대속력	30노트
승조원	350명	건조비용	975억 엔 (약 1조 원)
주요 무장	Mk41VLS 16CELL(ESSM SAM 및 ASROC SUM), PHALANX 2기, 경어뢰 6기		
항공기	SH-60K 대잠헬기, MCH-101 소해헬기, 수송헬기 등 최대 10기		

아타고급 호위함 (DDG ATAGO CLASS)

- DDG-177 (아타고)　　2007년 취역 / 제3호위대(마이즈루)
- DDG-178 (아시가라)　2008년 취역 / 제2호위대(사세보)

해상자위대 두 번째 타입의 최신예 이지스함이다. 미 해군 알레이버크급 Flight ⅡA를 모델로 하여 건조했으며, 최신 이지스 전투체계 Baseline7.1을 적용하고, 개조·개장을 통해 탄도미사일방어(BMD) 능력을 구비(BMD5.X 및 SM-3 탑재)했다. 호위대군의 기함이자, 함대방공임무를 수행한다.

경하 / 만재배수량	7,750톤 / 10,000톤	길이 / 폭 / 흘수	165m / 21m / 6.2m
기관	가스터빈 4기 2축 (100,000마력)	최대속력	30노트
승조원	310명	건조비용	1,497억 엔 (약 1조 5,000억 원)
주요 무장	Mk41VLS 96Cell (SM-2/3 SAM, ASROC SUM), 90식 SSM 8기, 127mm함포 1문, 20mm Phalanx 2기, 경어뢰 6기			

곤고급 호위함 (DDG KONGO CLASS)

- DDG-173 (곤고)   1993년 취역 / 제5호위대(사세보)
- DDG-174 (기리시마) 1995년 취역 / 제8호위대(요코스카)
- DDG-175 (묘코)   1996년 취역 / 제7호위대(마이즈루)
- DDG-176 (초카이)   1998년 취역 / 제6호위대(사세보)

1990년대에 건조된 해상자위대의 최초의 이지스함이다. 미 해군의 알레이버크급을 모델로 하여 건조되었으며, 이지스 전투체계 Baseline5.2가 적용되어 있고, 개조·개장을 통해 탄도미사일방어(BMD) 능력을 구비(BMD3.6 및 SM-3 탑재)했다. 호위대군의 기함이자, 함대방공임무를 수행한다.

경하 / 만재배수량	7,250톤 / 9,500톤	길이 / 폭 / 흘수	161m / 21m / 6.2m
기관	가스터빈 4기 2축 (100,000마력)	최대속력	30노트
승조원	350명	건조비용	1,200억 엔 (약 1조 2,900억 원)
주요 무장	Mk41VLS 90CELL(SM-2/3, ASROC), HARPOON 8기, 127mm함포 1문, 20mm Phalanx 2기, 경어뢰 6기		

시라네급 호위함 (DDH SHIRANE CLASS)

- DDH-143 (시라네) 1980년 취역 / 제3호위대(마이즈루)
- DDH-144 (구라마) 1981년 취역 / 제2호위대(사세보)

1980년대 초에 건조되어 8함 8기 체제 호위대군의 기함으로 운용되어온 당대 최대 규모의 헬기 탑재 호위함(대잠헬기 3기 탑재)이다.
노후화에 따라 퇴역을 앞두고 있고, 후속함으로 휴가급이 건조되었다.

경하 / 만재배수량	5,200톤 / 7,200톤	길이 / 폭 / 흘수	159m / 17.5m / 5.3m
기관	증기터빈 2기 2축 (70,000마력)	최대속력	31노트
승조원	310명	건조비용	425억 엔 (약 4,500억 원)
주요 무장 / 항공기	127mm함포 2문, 20mm Phalanx 2기, SEA SPARROW SAM 8기, ASROC SUM 8기, 경어뢰 6기 / SH-60J/K 대잠헬기 3기		

하타카제급 호위함 (DDG HATAKAZE CLASS)

- DDG-171 (하타카제)   1986년 취역 / 제4호위대(요코스카)
- DDG-172 (시마카제)   1988년 취역 / 제1호위대(사세보)

함대방공 능력을 강화하기 위해 1980년대 후반에 건조된 유도탄 호위함이다. 2번함 건조 후 곤고급 이지스함이 건조되면서 함대방공함으로서의 존재감이 약화되었다.

경하 / 만재배수량	4,600톤 / 5,900톤	길이 / 폭 / 흘수	150m / 16.4m / 4.8m
기관	가스터빈 4기 2축 (72,000마력)	최대속력	30노트
승조원	260명	건조비용	500억 엔 (약 5,300억 원)
주요 무장 / 항공기		STANDARD SAM 1기, HARPOON SSM 8기, ASROC SUM 8기, 127mm함포 2문, 20mm Phalanx 2문, 경어뢰 6기 / SH-60J/K 대잠헬기 1기	

아키즈키급 호위함 (DD AKIZUKI CLASS)

- DD-115 (아키즈키) 2012년 취역 / 제5호위대(사세보)
- DD-116 (데루즈키) 2013년 취역 / 제6호위대(요코스카)
- DD-117 (스즈쓰키) 2014년 취역 / 제8호위대(사세보)
- DD-118 (후유즈키) 2014년 취역 / 제7호위대(마이즈루)

해상자위대의 최신형 범용 호위함이다. 일본이 자체 개발한 다기능 위상배열레이더(FCS-3A), 최신형 소나시스템(OQQ-22) 등을 탑재하여 우수한 대공·대잠전 능력 보유했다. 이지스함이 탄도미사일 대응 임무를 수행할 때 이지스함을 보호하기 위해 만들어진 것으로 미니 이지스함이라고도 불린다.

경하 / 만재배수량	5,050톤 / 6,800톤	길이 / 폭 / 흘수	151m / 18.3m / 5.4m
기관	가스터빈 4기 2축 (16,000마력)	최대속력	30노트
승조원	210명	건조비용	750억 엔 (약 7,800억 원)
주요 무장 / 항공기	Mk41VLS 32CELL(ESSM SAM, ASROC), 127mm함포 1문, 90식 SSM 8기, 20mm Phalanx 2기, 경어뢰 6기 / SH-60K 대잠헬기 1기			

다카나미급 호위함 (DD TAKANAMI CLASS)

- DD-110 (다카나미)   2003년 취역 / 제6호위대(요코스카)
- DD-111 (오나미)   2003년 취역 / 제6호위대(요코스카)
- DD-112 (마키나미)   2004년 취역 / 제3호위대(오미나토)
- DD-113 (사자나미)   2005년 취역 / 제8호위대(구레)
- DD-114 (스즈나미)   2005년 취역 / 제3호위대(오미나토)

2000년대에 들어 건조된 해상자위대의 제2세대 범용 호위함이자 무라사메급의 개량형이다. 127mm 함포를 탑재하고, 수직발사기를 Mk41로 일원화했으며, 우수한 대공·대잠·대함전 능력을 균형있게 갖춘 호위대군의 주력 전투함이다.

경하 / 만재배수량	4,650톤 / 6,300톤	길이 / 폭 / 흘수	151m / 17.4m / 5.3m
기관	가스터빈 4기 2축 (60,000마력)	최대속력	30노트
승조원	176명	건조비용	644억 엔 (약 6,700억 원)
주요 무장 / 항공기	Mk41VLS 32CELL(SEA SPARROW, ASROC), 127mm함포 1문, 90식 SSM 8기, 20mm Phalanx 2기, 경어뢰 6기 / SH-60K 대잠헬기 1기		

무라사메급 호위함 (DD MURASAME CLASS)

- DD-101 (무라사메)   1996년 취역 / 제1호위대(요코스카)
- DD-102 (하루사메)   1997년 취역 / 제6호위대(요코스카)
- DD-103 (유다치)   1999년 취역 / 제7호위대(사세보)
- DD-104 (기리사메)   1999년 취역 / 제8호위대(사세보)
- DD-105 (이나즈마)   2005년 취역 / 제8호위대(구레)
- DD-106 (사미다레)   2005년 취역 / 제4호위대(구레)
- DD-107 (이카즈치)   2006년 취역 / 제1호위대(요코스카)
- DD-108 (아케보노)   2007년 취역 / 제5호위대(사세보)
- DD-107 (이카즈치)   2007년 취역 / 제5호위대(사세보)

호위함 함형 중 가장 많이 건조된 호위대군의 주력 전투함이다.
유도탄 수직발사기 및 선체 스텔스 기법이 처음으로 적용되고, 함 운용체계의 자동화를 확대하여 승조원 수를 대폭 감축한 것이 특징이다.

경하 / 만재배수량	4,550톤 / 6,200톤	길이 / 폭 / 흘수	151m / 17.4m / 5.2m
기관	가스터빈 4기 2축 (60,000마력)	최대속력	30노트
승조원	165명	건조비용	600억 엔 (약 6,450억 원)
주요 무장 / 항공기	Mk48VLS 16CELL(ESSM SAM), Mk41VLS 16CELL(ASROC), 76mm함포 1문, 90식 SSM 8기, 20mm Phalanx 2기, 경어뢰 6기 / SH-60K 대잠헬기 1기		

아사기리급 호위함 (DD ASAGIRI CLASS)

- DD-153 (유기리)   1989년 취역 / 제2호위대(오미나토)
- DD-154 (아마기리)   1989년 취역 / 제2호위대(사세보)
- DD-155 (하마기리)   1990년 취역 / 제15호위대(오미나토)
- DD-156 (세토기리)   1990년 취역 / 제7호위대(오미나토)
- DD-157 (사와기리)   1990년 취역 / 제5호위대(사세보)
- DD-158 (우미기리)   1991년 취역 / 제4호위대(구레)

하쓰유키급 호위함의 개량형으로 1980년대 후반부터 1990년대 초까지 8척이 건조된 범용 호위함이다. 현재까지 호위대군의 전력으로 운용되고 있으며, 선령이 노후화됨에 따라 선령을 연장하기 위한 개장이 이루어지고 있다.

경하 / 만재배수량	3,500톤 / 4,900톤	길이 / 폭 / 흘수	137m / 14.6m / 4.5m
기관	가스터빈 4기 2축 (54,000마력)	최대속력	30노트
승조원	220명	건조비용	500억 엔 (약 5,300억 원)
주요 무장 / 항공기	SEA SPARROW SAM 8기, ASROC SUM 8기, 76mm함포 1문, HARPOON SSM 8기, 20mm Phalanx 2기, 경어뢰 6기 / SH-60J 대잠헬기 1기			

하쓰유키급 호위함 (DD HATSUYUKI CLASS)

- DD-129 (야마유키)   1985년 취역 / 제11호위대(요코스카)
- DD-130 (마쓰유키)   1986년 취역 / 제14호위대(마이즈루)
- DD-131 (아사유키)   1987년 취역 / 제13호위대(사세보)

1970년대 후반부터 1980년대 후반까지 총 12척이 건조된 범용 호위함이다. 대공·대잠·대함 능력을 고루 갖추고 대잠헬기를 탑재하여 당시 호위대군의 8함 8기 체제를 구성하는 주 전력으로 운용되었다. 선령의 노후화에 따라 6척이 퇴역, 3척이 훈련함으로 용도 변경되고, 현재 3척만이 호위대 전력으로 운용되고 있다.

경하 / 만재배수량	2,950톤 / 4,000톤	길이 / 폭 / 흘수	130m / 13.6m / 4.1m
기관	가스터빈 4기 2축 (45,000마력)	최대속력	30노트
승조원	220명	건조비용	430억 엔 (약 4,600억 원)
주요 무장 / 항공기	SEA SPARROW SAM 8기, ASROC SUM 8기, 76mm함포 1문, HARPOON SSM 8기, 20mm Phalanx 2기, 경어뢰 6기 / SH-60J 대잠헬기 1기		

아부쿠마급 호위함 (DE ABUKUMA CLASS)

- DE-229 (아부쿠마) 1989년 취역 / 제12호위대(구레)
- DE-230 (진쓰)   1990년 취역 / 제13호위대(사세보)
- DE-231 (오요도)   1991년 취역 / 제15호위대(오미나토)
- DE-232 (센다이)   1991년 취역 / 제12호위대(구레)
- DE-233 (치쿠마)   1993년 취역 / 제15호위대(오미나토)
- DE-234 (도네)   1993년 취역 / 제12호위대(구레)

1990년 전후에 6척이 건조된 연안경비용 호위함(DE: Escort Vessel)이다. 헬기 탑재를 할 수 없다는 것을 제외하고 하쓰유키급 호위함에 준한 무장을 보유하고 있으며, 스텔스 기법이 처음 적용된 함정이기도 하다. 일본 주변 해역 경비임무를 수행하고 있다.

경하 / 만재배수량	2,000톤 / 2,900톤	길이 / 폭 / 흘수	109m / 13.4m / 3.8m
기관	가스터빈 및 디젤엔진 각 2기, 2축 (27,000마력)	최대속력	27노트
승조원	120명	건조비용	250억 엔 (약 2,700억 원)
주요 무장	ASROC SUM 8기, 76mm함포 1문, HARPOON SSM 8기, 20mm Phalanx 1기, 경어뢰 6기		

하야부사급 유도탄고속함 (PG HAYABUSA CLASS)

- PG-824 (하야부사)   2002년 취역 / 마이즈루 지방대
- PG-825 (와카타카)   2002년 취역 / 오미나토 지방대
- PG-826 (오타카)   2003년 취역 / 사세보 지방대
- PG-827 (구마타카)   2003년 취역 / 오미나토 지방대
- PG-828 (우미타카)   2004년 취역 / 마이즈루 지방대
- PG-829 (시라타카)   2004년 취역 / 사세보 지방대

해상자위대 유일의 소형 전투함이다. 연안경비용으로 6척이 건조되어 지방대에 배치되어 운용되고 있다. 1번함 건조 초기에 일본 근해에서 북한의 공작선 침투 사건이 발생하여 선체 내구성을 강화하고 최대속력 44노트까지 증가시켰다.

경하 / 만재배수량	200톤 / 240톤	길이 / 폭 / 흘수	50.1m / 8.4m / 1.7m
기관	가스터빈 3기, 3축 / 워터제트 방식 적용 (16,200마력)	최대속력	44노트
승조원	21명	건조비용	94억 엔 (약 1,000억 원)
주요 무장	90식 SSM 3기, 76mm 함포 1문, 12.7mm 기관포 2문		

오스미급 호위함 (LST OSUMI CLASS)

- LST-4001 (오스미)   1998년 취역 / 호위함대 제1수송대(구레)
- LST-4002 (시모키타) 2002년 취역 / 호위함대 제1수송대(구레)
- LST-4003 (구니사키) 2003년 취역 / 호위함대 제1수송대(구레)

해상자위대의 최초 항모형 수송함이다. 1990년대 말, 1번함 건조 당시 경항모라고 국내외 언론으로부터 주목을 받았다. 국제 기준으로 도크형 강습상륙함(LPD)에 준하는 함정으로 분류되며, 대형 수송헬기와 공기부양정(LCAC) 2척, 90식 전차 18대와 육상자위대 병력 330명 등을 수용할 수 있다. 재해파견 및 국제구호활동에 운용된 실적이 많다.

경하 / 만재배수량	8,900톤 / 14,000톤	길이 / 폭 / 흘수	178m / 25.8m / 6m
기관	디젤엔진 2기 2축 (26,000마력)	최대속력	22노트
승조원	135명	건조비용	300억 엔 (약 3,200억 원)
주요 무장	20mm Phalanx 2기, Mk.36 SRBOC 4기		

연습함 가시마 (TV KASHIMA)

· TV-3508 (가시마)   1995년 취역 / 연습함대(구레)

해상자위대 연습함대의 기함이다. 초급장교의 해외 순항훈련함으로 운용되고 있다. 전투체계 시뮬레이터, 대형 강의실 등의 교육훈련시설과 VIP 공실 및 응접실 등의 행사시설도 보유하고 있다.

경하 / 만재배수량	4,050톤 / 5,400톤	길이 / 폭 / 흘수	143m / 18m / 4.6m
기관	가스터빈 및 디젤엔진 각 2기 2축 (27,000마력)	최대속력 / 승조원	25노트 / 360명
주요 무장	76mm 함포 1문, 경어뢰 6기		

훈련지원함 덴류 (ATS TENRYU)

· ATS-4203 (덴류)   2000년 취역 / 호위함대(구레)

호위함의 각종 해상훈련을 지원하는 함정이다. 고속표적기 8기를 탑재하여 이지스함 등 전투체계 탑재 함정에 대한 훈련지원을 주 임무로 한다.

경하 / 만재배수량	2,450톤 / 2,750톤	길이 / 폭 / 흘수	106m / 16.5m / 4.1m
기관 / 최대속력	디젤엔진 4기 2축 (12,500마력) / 22노트	승조원 / 무장	140명 / 76mm 함포 1문

KEYWORD 15
어디까지 진화하나, 최정상급 잠수함

해상자위대 잠수함 전력은 냉전기부터 소련 잠수함의 태평양 진출을 감시·저지하는 임무를 장기간 수행해왔다. 특히 이러한 대잠작전의 주 전력으로 오랫동안 잠수함이 운용되어왔고, 옛 일본 해군의 잠수함 운용 노하우까지 더해져 해상자위대의 잠수함 운용 능력은 오늘날 세계적으로도 최고 수준으로 인정받고 있다.

해상자위대의 잠수함 부대도 호위함대와 마찬가지로 전후 미국 해군으로부터 대여받은 잠수함으로 시작했는데, 세계대전 당시부터 축적된 잠수함 건조 기술을 바탕으로 이때부터 잠수함의 자체 건조가 동시에 추진되었다. 이에 따라 1960년에 전후 최초로 1,000톤급의 오야시오급 잠수함을 자체 건조했고, 연이어 700톤급의 하야시오급 잠수함 4척을 건조했다. 같은 시기에 자위함대가 개편되면서 잠수함 부대도 수상함, 대잠항공기, 기뢰전 부대와 함께 해상작전부대로서 자리매김하게 된다.

해상자위대는 1960년대 후반부터 잠수함 전력 증강에 박차를 가하기 시작하여, 작전행동반경이 확대된 1,600톤급의 오시오급 잠수함 4척을 건조했으며, 1970년대에 들어서는 일본 최초로 물방울 모양의 선체 구

일본 최초로 물방울 모양의 선체 구조를 채택하고 수중작전 성능이 크게 향상된 1,800톤급의 우즈시오급 잠수함 〈CC BY 3.0 / Crescent moon〉

조를 채택하고 수중작전 성능이 크게 향상된 1,800톤급의 우즈시오급 잠수함 5척을 건조했다. 이후 1980년대부터 1990년대 중반까지는 잠항지속력과 탐색·공격 능력이 향상된 2,200톤급의 유시오급 잠수함 5척, 2,400톤급의 하루시오급 잠수함 6척을 연이어 건조했다.

그리고 오늘날 해상자위대 잠수함 부대의 주력이라고 할 수 있는 2,900톤급의 오야시오급 잠수함 11척을 1990년대 후반부터 2010년까지 건조하게 된다. 오야시오급 잠수함은 일본 잠수함 최초로 엽권형葉卷形 선체 구조가 적용되었고, 잠항심도가 500m에 이르며, 음향 타일을 부착하여 정숙성을 높인 것이 특징이다.

2016년 현재 해상자위대 잠수함 전력은 잠수함대사령부 예하에 총 18척의 잠수함(소류급 6척, 오야시오급 11척, 하루시오급 1척)을 보유하고 있다. 잠수함대사령부는 2개 잠수대군潛水隊群과 연습 잠수함대, 잠수함 교육훈련대로 편성되어 있고, 2개 잠수대군은 5개 잠수대潛水隊로 편성된다. 제1잠수대군에는 제1·3·5잠수대가, 제2잠수대에는 제2·4잠수대가 각각 편성되어 있고, 총 17척의 잠수함과 2척의 잠수함구조함을 운용하고 있다. 현재 주력 잠수함은 오야시오급 잠수함 11척이며, 2009년부터는 최신예 소류급 잠수함 6척이 건조되어 작전 능력이 한층 더 강화되었다.

소류급 잠수함은 디젤 잠수함으로서는 세계 최대급(2,950톤)이자, 세계 최고 수준의 성능을 자랑한다. 작전반경이 남중국해에 이를 정도로 원양작전 능력이 뛰어나고, 해상자위대 잠수함 최초로 대기에 의존하지 않고 항행할 수 있는 스털링 기관stirling engin(닫힌 공간 안의 가스를 서로 다른 온도에서 압축·팽창시켜 열에너지를 운동에너지로 바꾸는 장치)을 탑재하여 최장 2주 동안 부상하지 않고 잠항항해가 가능하다. 스털링 기관은 잠수함이 수면 근처까지 부상하여 흡기구를 물 밖으로 내서 대기 중의 산소를 빨아들일 필요가 없는 공기불요추진AIP, Air Independent Propesion 체계다. 그래서 제3국의 초계기나 수상함이 발견하기가 매우 어렵다. 또한 자체 소음이 적어 정숙성도 매우 높으며, X자형 타기를 장착하여 해저에 착저 시 타기가 손상될 위험이 매우 낮고, 기동성이 향상되었다는 특징도 있다.

나아가 일본은 2015년부터 소류급의 개량형으로 신형 잠수함 건조에 착수했다. 기존의 납축전지와 AIP를 설치한 공간에 대형 리튬이온 전지를 탑재함으로써 지금까지 최대 2주 정도였던 연속 잠항 기간이 더욱 늘어나게 된다.

이와 함께 일본은 2021년까지 잠수함을 기존의 16척 체제에서 22척 체제로 확충할 계획이다. 중국의 해양 진출에 적극적으로 대응하기 위해 잠수함 전력을 더욱 증강하여 중국 해군에 대한 경계·감시 작전에 핵심적인 역할을 수행하도록 한다는 계획이다.

소류급 잠수함 (SS SORYU CLASS)

- SS-501 (소류)   2009년 취역 / 제5잠수대(구레)
- SS-502 (운류)   2010년 취역 / 제5잠수대(구레)
- SS-503 (하쿠류) 2011년 취역 / 제5잠수대(구레)
- SS-504 (겐류)   2012년 취역 / 제3잠수대(구레)
- SS-505 (즈이류) 2013년 취역 / 제4잠수대(요코스카)
- SS-506 (고쿠류) 2015년 취역 / 제4잠수대(요코스카)

해상자위대 최초로 AIP(공기불요추진)체계가 적용된 최신형 잠수함이다. 현존하는 디젤 잠수함 중 가장 성능이 좋은 것으로 평가되고 있다. 현재까지 6척이 건조되었고, 5척이 추가 건조될 예정이며, 11·12번함은 AIP가 아닌 리튬전지를 탑재할 계획이다. 잠항심도는 700~900m에 이르는 것으로 추정된다.

기준 / 수중배수량	2,950톤 / 4,200톤	길이 / 폭 / 흘수	84m / 9.1m / 8.4m
기관	디젤엔진 2기, 스털링 엔진 4기, 1축 (8,000마력)	수중속력 / 연속잠항기간	20노트 / 3~4주
승조원	65명	건조비용	560억 엔 (약 6,000억 원)
주요 센서 / 무장	ZQQ-7 통합 소나 시스템(함수/측면배열 소나, 예인형 소나 등) / 533mm 어뢰발사관 6기, HARPOON급 USM 00기		

오야시오급 잠수함 (SS OYASHIO CLASS)

- SS-591 (미치시오) 1999년 취역 / 제1잠수대(구레)
- SS-592 (우즈시오) 2000년 취역 / 제2잠수대(요코스카)
- SS-593 (마키시오) 2001년 취역 / 제1잠수대(구레)
- SS-594 (이소시오) 2002년 취역 / 제1잠수대(구레)
- SS-595 (나루시오) 2003년 취역 / 제2잠수대(요코스카)
- SS-596 (구로시오) 2004년 취역 / 제3잠수대(구레)
- SS-597 (다카시오) 2005년 취역 / 제4잠수대(요코스카)
- SS-598 (야에시오) 2006년 취역 / 제4잠수대(요코스카)
- SS-599 (세토시오) 2007년 취역 / 제4잠수대(요코스카)
- SS-600 (모치시오) 2008년 취역 / 제3잠수대(구레)

2000년대에 총 11척이 건조된 해상자위대의 주력 잠수함이다. 엽권형 선체 구조가 처음 적용되었고, 측면배열 소나와 수중흡음 타일 등을 장착하여 수중작전 성능이 크게 향상되었다.

기준 / 수중배수량	2,750톤 / 3,500톤	길이 / 폭 / 흘수	82m / 8.9m / 7.4m
기관	디젤엔진 2기, 1축 (7,700마력)	최대속력	20노트
승조원	70명	건조비용	420억 엔 (약 4,500억 원)
주요 센서 / 무장	ZQQ-6 통합 소나 시스템(함수/측면배열 소나, 예인형 소나 등) / 533mm 어뢰발사관 6기, HARPOON USM 00기		

잠수함구조함 치하야 (ASR CHIHAYA)

· ASR-403 (치하야)   2000년 취역 / 제1잠수대군(구레)

치요다함의 개량형으로 건조된 잠수함구조함이다. 구조지휘소(RIC) 및 무인잠수정(ROV)을 새롭게 탑재하고, 의료지원 능력이 강화되었다. 심해잠수정(DSRV) 운용 및 포화잠수지원, 헬기 운용이 가능하다.

경하 / 만재배수량	5,450톤 / 6,9000톤	길이 / 폭 / 흘수	128m / 20m / 5.1m
기관	디젤엔진 2기, 2축 (19,500마력)	최대속력 / 승조원	21노트 / 125명

잠수함구조함 치요다 (AS CHIYODA)

· **AS-405 (치요다)**   1985년 취역 / 제2잠수대군(요코스카)

해상자위대 최초의 잠수함구조함이다. DSRV 1척을 선체 중앙 내부에서 진수·회수하는 방식을 채택하고 포화잠수지원, 헬기 탑재·운용이 가능하다.

경하 / 만재배수량	3,650톤 / 5,400톤	길이 / 폭 / 흘수	113m / 17.6m / 4.6m
기관	디젤엔진 2기 2축 (11,500마력)	최대속력 / 승조원	17노트 / 120명

KEYWORD 16
잠수함 잡는 최선봉, 항공기

해상자위대의 항공전력은 크게 고정익固定翼 항공기인 P-3C 대잠초계기와 회전익回轉翼 항공기인 SH-60J/K 대잠헬기로 나뉘는데, 모두 대잠수함 작전을 수행하는 전력이다. 이들 항공전력은 자위함대 예하의 항공집단航空集團에 소속되어 일본 주변 해역의 경계 감시, 주요 해상교통로 초계 임무를 수행하며, 특히 타국 잠수함의 활동 징후를 감시하고 탐색하는 등의 대잠수함 작전을 핵심 임무로 하고 있다.

해상자위대 항공전력의 핵심은 P-3C 대잠초계기다. 냉전기 구소련의 잠수함 위협에 대응하기 위해 미국의 요구에 따라 일본이 P-3C 100기를 보유했던 것은 널리 알려져 있다. P-3C는 흔히 잠수함을 잡는 '잠수함 킬러'로 알려져 있다. P-3C는 잠수함으로 인한 해상의 온도차를 영상화하여 잠수함을 식별할 수 있는 적외선 탐지체계IRDS, 잠수함에 의한 자기장의 변화를 탐지하는 자기탐지기MAD, 해상에 투하하여 잠수함의 음파를 탐지하는 소노부이sonobuoy 등 각종 센서로 잠수함을 탐지할 수 있는 능력이 탁월하다. 어뢰를 이용하여 잠수함에 대한 공격도 가능하다. 이 때문에 P-3C는 오늘날 16개국에서 400여 기가 운용되고 있는 해상초계기로서 전 세계에서 가장 널리 사용되고 있다. 일본은 미국에 이어 세계에서 두 번째로 많은 P-3C를 보유하고 있다. 일본은 현재 80여 기의 P-3C를 운용 중이다. 총 16기의 P-3C를 보유하고 있는 우리나라보다 5배나 많은 규모의 P-3C를 운용하고 있는 셈이다.

해상자위대의 P-3C에 의한 일본 주변 해역에 대한 경계감시 활동은 매우 활발하다. 필자가 우리 군함을 타고 해외훈련에 참가하기 위해 일본 주변 해역을 지날 때마다 일본의 P-3C가 접근하여 동태를 살피곤 했다. 실제로 1999년 3월 동해에서 발생한 일본 순시선에 의한 북한 공작선 격침사건, 2001년 12월의 동지나해에서 발생한 중국 선박의 일본 영해 침범, 그리고 2004년 11월의 중국 잠수함에 의한 일본 영해 침범 모두 경계 감시 중이던 해상자위대의 P-3C에 의해 발견되었다.

해상자위대의 P-3C는 도입된 지 30년 이상 경과하면서 장비의 개조와 보수를 반복하고 있지만, 기체의 수명 때문에 2009년부터 퇴역하기 시작했다. 일본은 이를 대체하기 위한 후속기를 자체적으로 개발해왔는데, 그것이 바로 P-1이다.

P-1은 잠수함 탐지 능력이 더욱 향상된 신형 레이더 및 음향탐지체계를 탑재했고, 일본이 자체 개발한 4대의 터보제트 엔진을 장착하여 순항속도는 시속 830km, 항속거리는 약 9,000km에 이른다. 작전반경은 오키나와로부터 말레이 반도, 이오지마에서부터 뉴기니 제도, 그리고 북태평양의 알류산 열도까지 이른다. P-1은 미국의 'P-8A 포세이돈'과 어깨를 나란히 하는 세계 최정상급 대잠초계기로 평가된다. 일본은 2008년부터 P-1을 가와사키川崎 중공업에서 제작하여 현재 20기를 해상자위대에 인도했고, 앞으로 노후화된 P-3C를 모두 P-1으로 대체한다는 계획이다.

한편, 대잠초계기와 함께 일본의 대잠 항공전력으로 쌍벽을 이루고 있는 것이 대잠헬기다. 일본은 1990년대부터 미 해군의 SH-60B/F 시호크Seahawk에 상응하는 대잠헬기를 미쓰비시三菱 중공업에서 100여 기나 제작하여 SH-60J라는 명칭을 부여하여 배치했다. 나아가 일본은 1990년대 후반부터 SH-60J를 자체적으로 성능 개량하여 SH-60K를 제작, 총 50기를 확보했다. 2000년대 후반 이후 해상자위대의 대잠헬기 전력은 80여 기까지 감축되었지만, 우리 해군이 보유하고 있는 대잠헬기 수에 비하면 엄청난 격차라 하지 않을 수 없다.

해상자위대의 SH-60J는 디핑소나Dipping Sonar, 적외선 탐지장비FLIR, 자기장 탐지장비MAD 등의 각종 센서로 잠수함을 탐지하고, 어뢰와 대잠폭탄으로 공격할 수 있는 능력과 잠수함 탐지정보를 호위함과 실시간으로 공유하는 우수한 데이터링크 체계도 보유하고 있다.

SH-60K는 SH-60J의 개량형으로 대잠전 능력뿐만 아니라, 대함전 및 경계·감시, 수송 및 구조 등 다양한 임무를 수행하기 위한 범용성이 대폭 향상되었으며, 디핑소나를 저주파화하여 잠수함 탐지거리가 더욱 향상되었다. 무장도 SH-60J가 보유한 경어뢰와 대잠폭탄 외에 해상자위대 헬기로는 최초로 헬파이어Hellfire 대함미사일을 탑재하여 수상함과 선박에 대한 대응 능력을 강화했다.

이와 같은 해상자위대의 대잠헬기는 호위대군의 함정에 탑재되어 항공기 중심의 대잠작전을 수행한다. 대잠초계기와 함께 해상자위대가 세계 최고 수준의 대잠전 능력을 발휘하는 근간이다.

그 외에도 항공집단은 정보수집기 EP-3 및 OP-3C, 수륙양용 구조기 US-1A, 소해헬기 MCH-101 등 다양한 유형의 전력도 보유하고 있다.

대잠초계기 P-1

· 2007년부터 도입
· 현재 20기 보유
· 제3항공대(아쓰기)

P-3C 대체기로서 일본이 자체 개발한 대잠초계기다.
터보팬 엔진을 탑재하여 속력과 순항고도가 P-3C보다 크게 향상되었으며, 신형 대잠·대함 센서 및 전투지휘체계 등을 탑재하여 대잠전 능력은 물론 의심 선박에 대한 대응 등 대함전 능력도 대폭 향상되었다.

중량	79.7톤	길이 / 폭	38m / 35.4m
속력 / 승조원	450노트 / 12명	생산비용	170억 엔(약 1,800억 원)
주요 무장	대잠어뢰, 공대함미사일		

대잠초계기 P-3C

· 1981년부터 도입
· 77기 보유
· 제1/2/3/5항공대(가노야/하치노헤/아쓰기/나하)

해상자위대 주력 대잠초계기다. 1980년대부터 100기가 도입되어 대잠작전의 주 전력으로 운용되어왔으며, 현재에는 77기가 운용되고 있다. 도입 후 30년 이상 경과하여 P-1으로 대체되고 있다.

중량	56톤	길이 / 폭	35.6m / 30.4m
속력 / 승조원	395노트 / 11명	생산비용	130억 엔(약 1,400억 원)
주요 무장	대잠어뢰 4발, 하푼 공대함미사일 4발		

구조항공기 US-2

· 2003년부터 도입
· 5기 보유
· 제71항공대(이와쿠니)

US-1A의 개량형으로 해상자위대의 대표적인 신형 구조항공기다. 수륙양용 구조기로서 세계에서 유일하게 파고 3m 이상의 황천에서도 수상이착륙이 가능하며, 작전반경은 1,900km로 일본이 영유권을 주장하는 가장 먼 섬인 오키노토리시마에까지 이른다.

중량	48톤	길이 / 폭	33.3m / 33.2m
속력 / 승조원	315노트 / 11명	생산비용	100억 엔(약 1,080억 원)

구조항공기 US-1A

- 1974년부터 도입
- 2기 보유
- 제71항공대(가노야)

해상자위대 최초의 수륙양용 구조기로서 1970년대 중반부터 2000년대 중반까지 총 20기가 생산되어 운용되어왔다. US-2로 모두 교체가 진행되고 있다.

중량	56톤	길이 / 폭	35.6m / 30.4m
속력	265노트	승조원	11명

전자전정보수집기 EP-3

· 1990년부터 도입
· 5기 보유
· 제81항공대(이와쿠니)

P-3C를 기반으로 하여 개발된 전자전기다. 각종 함정 및 항공기의 레이더 및 전자전장비가 방사하는 전자정보를 수집하기 위한 항공기로, 전자전 정찰용 대형 안테나 돔 3~5개를 외부에 장착한 것이 특징이다.

중량	56톤	길이 / 폭	30.4m / 32.7m
속력 / 승무원	370노트 / 15명	생산비용	130억 엔(약 1,400억 원)

영상정보수집기 OP-3C

· 1994년부터 도입
· 4기 보유
· 제81항공대(이와쿠니)

P-3C를 개조하여 만든 영상정보수집기다. 측방감시화상 레이더 등을 탑재하여 원거리로부터 넓은 해역의 영상 데이터를 수집할 수 있다.

중량	56톤	길이 / 폭	30.4m / 32.7m
속력 / 승무원	370노트 / 10명	생산비용	130억 엔(약 1,400억 원)

전자전훈련지원기 UP-3D

· 1997년부터 도입
· 3기 보유
· 제91항공대(이와쿠니)

P-3C를 개조하여 해상에서 함정의 전자전훈련 등을 지원하기 위해 만든 다목적기다. 방해전파발생기, 채프 발사장치, 대공표적 예인장치 등을 탑재·운용하여 함정의 훈련을 지원한다.

중량	56톤	길이 / 폭	30.4m / 32.7m
속력 / 승무원	365노트 / 8명	생산비용	130억 엔(약 1,400억 원)

훈련지원기 U-36A

- 1987년부터 도입
- 4기 보유
- 제91항공대(이와쿠니)

미국의 민항기를 구매하여 훈련지원기로 개조한 것이다. 함정의 대공사격 및 전자전 훈련 지원을 주 임무로 하며, 최대속력이 마하 0.78로 해상자위대가 보유한 항공기 중 가장 빠른 속력을 낼 수 있어 대함유도탄 묘사 등 실전적인 훈련 지원이 가능하다.

중량	8.9톤	길이 / 회전익 직경	22.8m / 18.6m
속력	370노트	승무원	10명

대잠헬기 SH-60K

- 1997년부터 도입
- 44기 보유
- 제21/22/23/24항공대(다테야마/오무라/마이즈루/고마쓰시마)

SH-60J의 개량형이며, 해상자위대 주력 대잠헬기로서 호위함에 탑재되어 운용된다. 신형 전술정보처리장치 및 디핑소나를 탑재하고, 헬파이어 대함미사일 운용 능력 및 기체방탄 기능이 부여되었다.

중량	10.9톤	길이 / 회전익 직경	19.8m / 16.4m
속력 / 승무원	140노트 / 4명	생산비용	69억 엔(약 740억 원)
주요 무장	대잠어뢰 2발, 대함미사일 2발, 대잠폭탄		

대잠헬기 SH-60J

- 1991년부터 도입
- 42기 보유
- 제21/22/23/24/25항공대(다테야마/오무라/마이즈루/마이즈루/고마쓰시마)

미 해군의 SH-60B를 기반으로 하여 일본이 자체 개발한 탐지센서 및 데이터링크 등을 탑재하여 만든 대잠헬기다. 노후화된 헬기부터 점차 퇴역하고 있으나, 아직 SH-60K와 해상자위대의 대잠헬기로서 쌍벽을 이루고 있다.

중량	9.9톤	길이 / 회전익 직경	19.8m / 16.4m
속력 / 승무원	150노트 / 3명	생산비용	50억 엔(약 530억 원)
주요 무장	대잠어뢰 2발, 대잠폭탄		

소해헬기 MCH-101

· 2006년부터 도입
· 11기 보유
· 제51/111항공대(아쓰기/이와쿠니)

MH-53의 후속기로 도입된 해상자위대의 주력 신형 소해헬기다. 영국과 프랑스가 합작하여 개발한 기체를 해상자위대의 요구성능에 따라 개조한 것으로 MH-53에 비해 각종 소해 능력이 대폭 향상되었다.

중량	14.6톤	길이 / 폭	18.6m / 19.8m
속력 / 승무원	150노트 / 4명	생산비용	69억 엔(약 740억 원)
주요 무장	항공소해구(계류·자기·음향소해)		

소해헬기 MH-53E

- 1989년부터 도입
- 2기 보유
- 제111항공대(이와쿠니)

미국 시콜스키 사 개발한 대형 헬기를 도입하여 소해헬기로 운용하고 있다. 최대 11.2톤의 항공예인 능력을 가지고 있고, 계류·자기·음향 소해구를 운용할 수 있다. 노후화에 따라 MCH-101로 대체되고 있다.

중량	31.6톤	길이 / 폭	30.2m / 24.1m
속력 / 승무원	150노트 / 7명	생산비용	약 470억 원
주요 무장	항공소해구(계류·자기·음향소해)		

KEYWORD 17
실전 경험을 겸비한 최고의 실력자, 소해함

해상자위대의 소해함 부대는 제2차 세계대전 패전 이후 유일하게 잔존하여 오늘날까지 명맥을 이어오고 있는 부대다. 종전 직후 구 해군이 해체될 당시 함께 사라질 위기에 처하기도 했지만, 미국은 일본 열도 근해에 부설된 다수의 기뢰 처리를 위해 일본의 수로와 연안 환경을 잘 알고 있는 일본 소해전력의 존속을 허가했다. 이후 1980년대 초까지 태평양전쟁 당시 일본 주변 해역에 부설된 6만여 개의 기뢰를 소해했다. 또한 한국전쟁 시 원산 소해작전과 진남포 소해작전에도 참가했고, 1990년대에 들어서는 걸프전 종료 후 소해함 6척이 걸프만 소해작전에 참가하여 34발의 기뢰를 제거하기도 했다. 해상자위대 소해부대는 이와 같이 오랜 기간 축적된 소해작전 능력과 실전 경험을 바탕으로 유사시 단독으로 일본이 주요 항만 개항유지와 항로개척 및 해상교통로 확보 등의 작전을 수행할 수 있는 동북아 최강이자 세계 2위 수준의 기뢰전 능력을 보유한 것으로 평가된다.

일본의 소해전력의 특징은 먼저, 최신 무기체계 도입과 노후장비를 지

해상자위대의 소해함 부대는 제2차 세계대전 패전 이후 유일하게 잔존하여 오늘날까지 명맥을 이어오고 있는 부대다. 해상자위대 소해부대는 오랜 기간 축적된 소해작전 능력과 실전 경험을 바탕으로 유사시 단독으로 일본이 주요 항만 개항유지와 항로개척 및 해상교통로 확보 등의 작전을 수행할 수 있는 동북아 최강이자 세계 2위 수준의 기뢰전 능력을 보유한 것으로 평가된다.

속 교체하여 선령이 20년 이상 된 함정이 없을 정도로 우수한 성능의 최신 소해전력을 유지하고 있다는 것이다. 최근 건조되고 있는 소해함은 기존 함정보다 대형화되고 있으며, 노후된 소해헬기 MH-53E를 대체하기 위해 MCH-101을 도입하는 등 소해전력의 개량을 적극적으로 추진하고 있다. 또한 해상자위대 소해부대는 기뢰 종류나 부설 수심에 상관없이 어떠한 해양 조건에서도 소해작전이 가능한 다양한 전력을 보유하고 있다. 소해함 및 소해헬기를 이용하여 매우 얕은 수심의 바다부터 깊은 바다까지 기뢰를 제거할 수 있는 능력을 가지고 있고, 예상되는 모든 종류의 기뢰에 대처 가능한 소해장비를 보유하고 있어, 어떠한 환경에서도 효율적인 소해작전이 가능하다.

해상자위대 소해부대는 자위함대사령부 예하에 4개 소해대(1·2·51·101소해대)로 구성되어 소해함정 33척과 소해헬기 11기를 보유하고 있다. 소해함은 대부분이 500톤급이고, 원양작전이 가능한 1,000톤급과 기뢰부설함으로 구성되어 있다. 주로 일본의 주요 해협과 수로에 대한 긴급 소해작전과 전략물자 양륙항만으로 연결되는 항로의 개항 임무를 수행한다. 또한 지방대 예하에는 6개 소해대(41·42·43·44·45·46소해대)가 책임 항구의 소해작전 및 항로 개항과 유지 임무를 수행한다.

소해함 500톤급은 총 20척을 보유 중인데, 소해구 이외에도 무인잠수정을 탑재하여 소해작전을 한다. 1,000톤급 소해함은 3척을 보유하고 있고 원양작전이 가능하다. 최근 중동지역의 소해작전에 투입되기도 했다. 그 외에도 무인소해정 6척과 이것을 원격 조종할 수 있는 모함을 2척 보유하고 있다. 기뢰부설함 2척은 소해작전 모함母艦으로 운용하고 있다.

항공 소해전력은 MH-53E 9기와 MCH-101 2기를 보유하고 있다. MH-53E 소해헬기는 장기간 운용으로 노후되면서 MCH-101 소해헬기로 교체될 예정이다. 이외에도 수중 소해전력인 EOD는 소해대군 및 각 지방대 소해대 예하의 소해함정에 편승하여 얕은 바다와 항만 주변의 기뢰처리 임무를 수행한다.

이처럼 다양한 유형의 소해전력을 균형있게 운용하는 해군은 전 세계적으로도 손꼽아야 할 정도로 많지 않다. 게다가 오랜 기간 축적된 실전 소해작전 경험까지 더한 일본의 소해전력은 막강한 해상자위대 전력을 대표하는 또 하나의 모습이라 할 수 있다.

우라가급 소해모함 (MST URAGA CLASS)

- MST-463 (우라가)   1997년 취역 / 소해대군 직할(요코스카)
- MST-464 (붕고)   1998년 취역 / 소해대군 직할(구레)

소해대군의 기함이자 소해모함 기능을 수행하며, 기뢰부설 능력도 보유하고 있다. 소해함정뿐만 아니라, 해상자위대 최대 규모의 MH-53E 소해헬기 및 수송 헬기의 탑재·운용도 가능하며, 함내에는 항공소해구 및 다수의 부설용 기뢰를 탑재하고 있다.

경하 / 만재배수량	5,650톤 / 6,850톤	길이 / 폭 / 흘수	141m / 22m / 5.4m
기관	디젤엔진 2기 2축 (19,500마력)	최대속력	22노트
승조원	160명	건조비용	297억 엔(약 3,200억 원)
주요 무장 / 장비	76mm 함포 1문, 기뢰탐지 소나, 기뢰부설장치		

야에야마급 소해함 (MSO YAEYAMA CLASS)

- MSO-301 (야에야마)　　1993년 취역 / 제51소해대(요코스카)
- MSO-302 (쓰시마)　　　1993년 취역 / 제51소해대(요코스카)
- MSO-303 (하치조)　　　1994년 취역 / 제51소해대(요코스카)

세계 최대급의 목조 소해함이다. 항만이나 해협 등의 깊은 심도에 부설된 대잠용 기뢰제거를 주 임무로 하며, 계류·감응·해저기뢰 등 다양한 유형의 기뢰에 대응할 수 있는 소해장비를 두루 갖추었다. 원양작전이 가능하여 해외파견 임무도 수행해왔다. 선령이 20년이 넘어 이를 대체할 신형 소해함이 건조되고 있다.

경하 / 만재배수량	1,000톤 / 1,200톤	길이 / 폭 / 흘수	67m / 11.8m / 3.1m
기관	디젤엔진 2기 2축 (2,400마력)	최대속력	14노트
승조원	60명	건조비용	250억 엔(약 2,700억 원)
주요 무장	20mm 기관총 1문			
주요 장비	심심도(深深度) 기뢰소해구 S-7, 89식 계류기뢰소해구 S-8, 85식 자기소해구 S-6, 71식 음향소해구 S-2			

에노시마급 소해함 (MSC ENOSHIMA CLASS)

- MSC-604 (에노시마)   2012년 취역 / 제41소해대(요코스카)
- MSC-605 (치치지마)   2013년 취역 / 제41소해대(요코스카)
- MSC-606 (하쓰시마)   2014년 취역 / 제41소해대(요코스카)

해상자위대의 최신형 소해함이자, 히라시마급의 개량형이다. 일본의 소해함으로서는 처음으로 선체가 GFRP(섬유강화 플라스틱) 소재로 건조되어 부식되지 않기 때문에 선령이 목조함의 약 2배인 30년 이상으로 연장되었다.

경하 / 만재배수량	570톤 / 660톤	길이 / 폭 / 흘수	60m / 10.1m / 2.5m
기관	디젤엔진 2기 2축 (2,200마력)	최대속력	14노트
승조원	45명	건조비용	201억 엔(약 2,160억 원)
주요 무장	20mm 기관총 1문		
주요 장비	자동항주식 기뢰소해구 S-10, 계류기뢰소해구, 감응기뢰소해구, 기뢰탐지 소나, 사이드스캔 소나		

히라시마급 소해함 (MSC HIRASHIMA CLASS)

- MSC-601 (히라시마)　　2008년 취역 / 제2소해대(사세보)
- MSC-602 (야쿠시마)　　2009년 취역 / 제2소해대(사세보)
- MSC-603 (다카시마)　　2010년 취역 / 제2소해대(사세보)

해상자위대의 마지막 목조 소해함이다. 소해정보처리장치, 자동조함장치 등 일본이 자체 개발한 대기뢰전 시스템을 탑재하여 소해 능력이 한층 강화되었다.

경하 / 만재배수량	570톤 / 650톤	길이 / 폭 / 흘수	57m / 9.8m / 3.0m
기관	디젤엔진 2기 2축 (2,200마력)	최대속력	14노트
승조원	45명	건조비용	175억 엔(약 1,890억 원)
주요 무장	20mm 기관총 1문			
주요 장비	자동항주식 기뢰소해구 S-10, 계류기뢰소해구, 감응기뢰소해구, 기뢰탐지 소나, 사이드스캔 소나			

스가시마급 소해함 (MSC SUGASHIMA CLASS)

- MSC-681 (스가시마)   1999년 취역 / 제44소해대(마이즈루)
- MSC-682 (노도지마)   1999년 취역 / 제41소해대(요코스카)
- MSC-683 (쓰노시마)   2000년 취역 / 제41소해대(요코스카)
- MSC-684 (나오시마)   2001년 취역 / 제42소해대(고베)
- MSC-685 (도요시마)   2002년 취역 / 제43소해대(시모노세키)
- MSC-686 (우쿠시마)   2003년 취역 / 제43소해대(시모노세키)
- MSC-687 (이즈시마)   2003년 취역 / 제1소해대(구레)
- MSC-688 (아이시마)   2004년 취역 / 제1소해대(구레)
- MSC-689 (아오시마)   2005년 취역 / 제46소해대(오키나와)
- MSC-690 (미야지마)   2005년 취역 / 제1소해대(구레)
- MSC-691 (시시지마)   2006년 취역 / 제46소해대(오키나와)
- MSC-692 (구로시마)   2007년 취역 / 제46소해대(오키나와)

소해함 함형 중 가장 많이 건조된 소해대군의 주력 소해함이다. 유럽으로부터 도입한 대기뢰전 시스템을 탑재한 것이 가장 큰 특징이다.

경하 / 만재배수량	510톤 / 590톤	길이 / 폭 / 흘수	54m / 9.4m / 3.0m
기관	디젤엔진 2기 2축 (1,800마력)	최대속력	14노트
승조원	45명	건조비용	146억 엔(약 1,500억 원)
주요 무장	20mm 기관총 1문		
주요 장비	계류기뢰소해구, 감응기뢰소해구, 가변심도 소나		

우와지마급 소해함 (MSC UWAJIMA CLASS)

- MSC-679 (유게시마)   1996년 취역 / 제45소해대(하코다테)
- MSC-680 (나가시마)   1996년 취역 / 제45소해대(하코다테)

수심 200m 정도까지 대응 가능한 해상자위대 최초의 중심도 소해함이다. 1980년대 후반부터 1990년대 중반까지 9척이 건조되었으나, 5척이 퇴역하고 2척은 소해관제정으로 용도 변경되어 현재 2척이 운용되고 있다.

경하 / 만재배수량	490톤 / 570톤	길이 / 폭 / 흘수	58m / 9.4m / 2.9m
기관	디젤엔진 2기 2축 (1,800마력)	최대속력	14노트
승조원	45명	건조비용	175억 엔(약 1,890억 원)
주요 무장	20mm 기관총 1문		
주요 장비	S-7 기뢰처리구, 자기·음향소해구, 가변심도 소나		

이에시마급 소해관제정 (MCL IESHIMA CLASS)

- MCL-729 (마에지마)   1993년 취역 / 제101소해대(구레)
- MCL-730 (구메지마)   1994년 취역 / 제101소해대(구레)

우와지마급 소해함을 소해관제정으로 용도 변경한 것으로, 천해역 소해용 자동항주식 소해구인 SAM(Self-Propelled Acoustic and Magnetic)의 통제모함으로 2개의 SAM을 동시에 통제할 수 있다. 스웨덴으로부터 도입된 SAM은 무선조종에 의해 항내 또는 연안의 천해역에서 자기·음향기뢰 소해가 가능하다.

경하 / 만재배수량	490톤 / 570톤	길이 / 폭 / 흘수	58m / 9.4m / 2.9m
기관	디젤엔진 2기 2축 (1,800마력)	최대속력 / 승조원	14노트 / 28명
주요 장비	20mm 기관총 1문, SAM 관제장치		

KEYWORD 18
주요 기지를 통해 본 해군력: 일본 해역을 관할하는 5개 지방대

해상자위대의 해양전략, 전략구상, 전력배치 등의 연구분석을 위해서 주요 기지 현황을 파악하는 것은 큰 도움이 된다. 기지의 위치, 배치된 함정의 규모와 능력을 보면 이면에 드러나지 않는 전략·전술을 알 수 있기 때문이다.

해상자위대는 일본 전체를 5개 경비구역으로 나누고 해상전력의 모항의 역할을 위해 지방대地方隊와 그 지휘를 맡는 지방총감부地方総監部를 설치했다. 우리나라로 치자면 함대사령부다. 해상자위대의 5대 주요 기지는 요코스카橫須賀, 사세보佐世保, 마이즈루舞鶴, 구레吳, 오미나토大湊 지방대 등이다.

이 5대 기지는 구 일본 해군의 역사와 함께한다. 기지의 주요 특징은 해군 전력 극대화 정책을 추진해 인근에 민간조선소가 위치했으며 철로가 부설되어 있고 역이 가까웠다는 것이다. 예전 일본 해군기지가 있었던 진해항에도 진해역이 있었던 것과 맥을 같이한다.

지방총감부에 소속된 함정에 대해서 각 지방대는 보급, 수리, 인사 등

지원업무를 담당한다. 또한 자위함대의 핵심 부대인 호위함대는 4개 호위대군으로 편성되고 제1호위대군은 요코스카, 제2호위대군은 사세보, 제3호위대군은 마이즈루, 제4호위대군은 구레에 사령부가 있다. 호위함의 모항은 예전에는 기본적으로 호위대군의 사령부가 위치한 기지였지만, 현재는 5개 기지의 운용 효율화를 위해 다른 호위대군에 배속시키기도 한다.

1. 요코스카 기지: 지휘 기능이 집중된 중추 기지

해상자위대 5대 기지 중 요코스카는 우리에게 비교적 낯익은 기지로 해상자위대 최대 규모다. 도쿄와도 가깝고 자위함대사령부, 잠수함대사령부, 소해대군사령부 등 지휘 기능이 집중되어 있으며 미 해군 7함대와 공동으로 사용하는 기지로 일본 해상방위의 중추 기지로 평가된다.

(1) 연혁

군항으로는 5대 기지 중 가장 오랜 역사를 가지고 있다. 에도막부가 1865년에 설치한 요코스카 제철소가 그 시작이었다. 메이지 유신 이후 1884년에 구 일본 해군 요코스카 진수부鎭守府가 창설된다. 이후 요코스

일본 해상자위대 기지 중 최대 규모를 자랑하는 요코스카 기지. 도쿄와도 가깝고 자위함대사령부, 잠수함대사령부, 소해대군사령부 등 지휘 기능이 집중되어 있으며 미 해군 7함대와 공동으로 사용하는 기지로 일본 해상방위의 중추 기지로 평가된다. 〈CC BY-SA 2.0 / Yamaguchi Yoshiaki〉

카는 도쿄에서 가까운 수도방위의 핵심 기지가 되었다. 제2차 세계대전 이후에는 미군에 접수되어 현재도 기지의 대부분은 주일 미 해군이 사용하고 있다. 참고로 구 일본 해군 진수부 청사는 현재 주일 미해군사령부 청사로 바뀌었다. 역사는 이처럼 다이내믹하고 냉정하다.

(2) 소속 함정

호위함 이즈모, 데루즈키, 소해정 에노시마 등 최신예함 1번함이나 2번함이 배치되어 있다. 최신예함인 이즈모함이 요코스카로 배치되어 휴가함이 마이즈루로 소속이 변경된 것이 그 예다. 또한 쇄빙함인 시라세, 특무정 하시다테 등은 요코스카에서만 볼 수 있는 함정이다. 또 다른 특징으로 잠수함이 배치된 것이다. 잠수함이 배치된 기지는 요코스카와 구레, 이 2개 기지다.

2. 사세보 기지: 호위함 전력 중심의 남서지역 방위 거점

일본의 기지 중 가장 서쪽에 위치한 사세보 기지는 청일·러일전쟁에서 대륙침략의 전진기지였다. 현재는 중국의 위협에 맞서 일본 남서해역 방위 거점으로서 역할을 담당하고 있다. 소속된 함정을 보더라도 해상방위력 중심이 남서해역으로 이동되고 있음을 알 수 있다. 호위함대의 47척 중 3분의 1 정도가 사세보에 소속되었으며, 그중 이지스함은 현재 해상자위대 보유 6척 중 3척이나 사세보에 위치하고 있다. 담당해역은 북으로는 야마구치현에서 남으로는 오키나와까지 광활한 해역을 맡고 있으며, 항공부대(고정익, 회전익)와 해상부대가 집중되어 있는 것이 큰 특징

일본의 기지 중 가장 서쪽에 위치한 사세보 기지는 청일·러일전쟁에서 대륙침략의 전진기지였다. 미 해군과 해상자위대가 공존하는 '네이비 타운'으로 발전해왔으며, 현재는 중국의 위협에 맞서 일본 남서 해역 방위 거점으로서 역할을 담당하고 있다. 〈CC BY-SA 3.0 / ばちょび〉

중 하나다. 요코스카와 같이 제2차 세계대전부터 해군이 주둔하고 있다. 사세보 항만 가운데 해상자위대가 사용하는 면적은 극히 일부이며, 전체의 80%는 미 해군이 관리하고 있다. 사세보는 미 해군과 해상자위대가 공존하는 '네이비 타운Navy Town'으로 발전해왔다.

(1) 역사

사세보 기지의 시작은 1889년 일본 해군의 사세보 진수부 개청이었다. 대형 함의 모항과 군 관계 시설, 조선소 등이 밀집한 해군의 거리로 크게 발전했다. 청일·러일전쟁에서 연합함대가 결집한 항구가 사세보였다. 사세보가 해군기지로 크게 번창을 했다는 사실은 사세보 인구 변화에서도 알 수 있다. 사세보 진수부 개청 시 인구는 약 4,000명이었지만, 제2차 세계대전이 끝날 무렵에는 약 15만 명으로 증가했다. 1945년 패전을 맞은 사세보 진수부는 해체되었지만, 곧 미군이 주둔한다. 1950년에 한

국전쟁이 발발하자, 병력과 군관계자가 최전선 사세보에 집합하여 거리는 다시 활기를 띠었다고 한다.

(2) 소속 함정

사세보를 모항으로 하는 함정은 25척이며, 대부분이 호위함인 것이 큰 특징이다. 해상자위대 호위함의 3분의 1이 사세보에 위치하고 있다.

3. 마이즈루 기지: 북한의 위협으로 동해측 최전선 기지로 부각

마이즈루 기지는 우리나라 동해를 바라보는 일본해에 접한 해상자위대 유일의 방위거점으로 경비구역이 매우 넓다. 구 일본 해군 도시였던 마이즈루 기지는 오늘날 해상자위대 주요 기지 중 하나로 발전했다. 전략적으로 중요한 기지로 평가받지 못했지만, 1998년의 북한의 대포동 미사일 발사실험과 그 다음해 노동반도 의심선박 사건에서 북한의 위협에 대응하는 최전선 기지의 성격이 강해졌다. 기지는 마이즈루항의 동항東港에 위치하며, 서항西港은 상업항이다. 마이즈루항은 일본 내에서도 천혜의 항구로 손꼽힌다. 수심이 얕고 항만 입구가 좁기 때문에 조석간만의 차가 작아 항내 정온도靜穩度가 좋은 편이다. 그러나 우리나라의 동해처럼 겨울에는 눈보라가 심하고 겨울철이 아니더라도 악천후에는 외해가 심하게 거칠어진다.

　마이즈루 기지가 담당하는 경비구역의 거의 중앙에는 니가타新潟항이 있다. 일본해 쪽 최대의 항만인 니가타항은 국제 거점 항만으로 지정되어 있지만 입지적으로 후방기지로서 뛰어나기 때문에 해상자위대 함정

마이즈루 기지는 우리나라 동해를 바라보는 일본해에 접한 해상자위대 유일의 방위거점으로 경비구역이 매우 넓다. 전략적으로 중요한 기지로 평가받지 못했지만, 1998년의 북한의 대포동 미사일 발사실험과 그 다음해 노동반도 의심선박 사건에서 북한의 위협에 대응하는 최전선 기지의 성격이 강해졌다. 〈CC BY-SA 3.0 / 663highland〉

뿐만 아니라 미 해군 함정도 다수 입항하고 있다. 니가타 서항에는 마이즈루 경비대 니가타 기지 분견대分遣隊가 있어 함정 입항시설의 경비를 맡고 있다. 또한 니가타항의 북서쪽에는 마이즈루 항공기지가 위치한다. 니가타항에는 잔교가 계류시설로 사용되는데 그 길이가 약 1km로 함정이 1열로 줄지어 계류하는 보기 드문 장면이 연출되기도 한다.

(1) 연혁

1901년 마이즈루 진수부가 창설되었고 도고 헤이하치로 중장이 초대 사령관으로 부임했다. 러일전쟁 때에는 많은 군함이 정박할 정도로 발

CHAPTER 3 _ 해상자위대의 실체 | 163

전했으나, 워싱턴 군축회담에 따라 경비절약과 전략적 중요성 감소로 1923년 요항부要港部로 격이 낮춰지기도 했다. 그러나 1936년에 다시 진수부로 재승격하게 된다. 최근에는 북한에 가장 가까이 위치해 있어 북한 공작선 등을 막기 위해 미사일고속정과 특수부대인 특별경비대를 예하에 두고 있다.

 마이즈루 기지는 군항도시였으면서도 제2차 세계대전 중에 집중적인 공습을 받지 않은 기지였다. 그러한 이유로 해군 주도의 건축, 건설이 발전했던 시대의 건축 설계도, 사진 등 귀중한 자료가 많이 전해지고 있다. 또한 지금도 당시 시설들을 자위대나 민간기업에서 사용하고 있기도 하다.

(2) 소속 함정

척수는 12척으로 소규모이지만 고성능 함정이 소속되어 있는 것이 특징이다. 제1차 세계대전 이후 마이즈루에는 전함이 배치되지 않았으며, 해상자위대로 바뀐 이후에도 노령화된 함정이 다수 배치되었다. 그러나 북한의 위협이 커짐에 따라 1990년대에 최신예 함정이 배치되었다. 1996년에 당시 최신 이지스 3번함인 묘코みょうこう가 배치되었고, 1999년에 노동반도 의심선박 출현 사태가 발생하자 속력 44노트의 미사일고속정 하야부사はやぶさ와 우미타카うみたか가, 2004년에는 해상자위대의 최대 보급함인 마슈ましゅう가, 2007에는 아카고형 이지스 1번함이, 2014년에는 최신 범용 호위함 등이 배치되었다.

4. 구레 기지: 다양한 함정이 소속된 과거 아시아 제1의 군항

구레 기지는 기온이 온화한 내해에 위치하고 있으며 요코스카와 동등한 규모의 기지다. 또한 지역내 구 일본 해군의 요람이자 현재도 해상자위대 간부후보생을 양성하는 에타지마江田島 간부학교가 위치해 있으며, 구 일본 해군의 유산과 문화가 다수 전해지는 일본의 대표적 해군도시다. 세계 최대의 전함 야마토大和함이 건조된 도시로도 유명하다. 당시 구레에는 아시아 최대 규모의 도크와 크레인을 갖춘 조선소가 있었다. 당시 조선업계 근무자는 요코스카, 사세보, 마이즈루의 3개 공창을 합친 것보다 많았다고 한다. 아시아 제1의 군항으로 제2차 세계대전 종전 시까지 번영했다. 탄약이나 연료 보급 능력이 뛰어났고, 전후 전략적 가치가 저

구레 기지는 구 일본 해군의 요람이자 현재도 해상자위대 간부후보생을 양성하는 에타지마 간부학교가 위치해 있으며, 구 일본 해군의 유산과 문화가 다수 전해지는 일본의 대표적 해군도시다. 〈Public Domain〉

하되었기 때문에 훈련, 후방지원 임무의 전략적 예비기지 성격이 강했다. 그러나 1994년에 연습함대사령부가 요코스카에서 구레로 이전하고 다음해 제4호위대군사령부가 구레로 이전하여 방위, 후방지원, 교육이라는 종합적인 역할을 담당하는 해상자위대 중요 기지로 크게 변화했다.

특히 AIP 잠수함인 소류そうりゅう형의 잠수함용 연료시설과 어뢰정비 능력과 해상자위대 전체 연료의 반 정도를 보관하고 있으며 탄약저장량도 해상자위대 최대다.

(1) 연혁

구레 기지는 전함 야마토를 건조한 구레 해군공창의 조선 기술의 우수성으로 매우 유명한 해군 최대 기지였다. 또한 구 일본 해군 존재 당시 연합함대의 집결지이며 주요 기지였다. 1889년 구레 진수부가 개청했고, 1903년에는 구레 해군공창이 설립되었다. 제2차 세계대전 종전 무렵, 구레는 내해에 위치하여 연합군으로부터 전략적 가치가 인정되지 않아 1945년 7월 대규모 공습으로 철저하게 파괴되었고, 해군성 폐지와 함께 진수부는 폐청되었다.

종전 무렵 미군이 다수의 기뢰를 투하하여 중공업에 큰 피해를 주는 기아작전을 전개한 뒤 나중에 투하된 기뢰를 제거하기 위해 해군의 소해전력이 필요하게 되면서, 구레는 소해작전을 수행하는 중추 기지가 되었다.

1952년에는 해상자위대 전신인 해상경비대가 창설되었다. 1954년 해상자위대 창설과 동시에 구레 지방대로 개편되었다.

(2) 소속 함정

구레 기지는 이전에는 주로 후방지원의 역할을 담당하여 호위함의 다수가 구형 함정이었으나, 1990년대 후반기에 들어서 최신 함정이 배치되었다. 현재는 잠수함, 수송함, 음향측정함, 보급함, 부설함, 소해모함, 잠수함구난함, 소해정 등 다양한 함정이 배치되어 있는 것이 구레 지방대의 특징이다. 특히, 잠수함, 소해정, 연습함의 수가 많다.

(3) 기타

구레를 방문하게 되면 빼놓을 수 없은 곳이 야마토 박물관大和ミュージアム이다. 전함 야마토의 대형 모형이 전시되어 있고 야마토 건조와 관련된 자료를 다수 보관하고 있다.

4. 오미나토 기지: 일본 혼슈 최북단에 위치한 북방 방어의 거점

오미나토 기지는 일본 최북단에 위치한 기지다. 지리적으로 외딴 곳에 위치해 있지만, 다른 기지와 마찬가지로 JR선 북쪽 종착역인 오미나토역이 가깝다. 메이지 시대 일본 해군의 오미나토 요항부가 설치되었다. 이후 군항으로 발전했고, 5대 기지 중 유일하게 제2차 세계대전 이후 총감부가 개설되었다. 다른 기지와 다르게 소속 함정 척수는 적고 규모도 작지만 북방방어라는 기지, 거점의 의미에서 중요한 기지로 평가받고 있다. 특히 동서 냉전시대에는 소련에 대한 방위거점으로서 매우 중요한 역할을 담당했다. 경비구역에는 쓰가루津軽 해협과 소야宗谷 해협 등이 있다. 이 두 해협은 군함을 포함한 선박의 항행 자유가 보장되는 국제 해협

오미나토 항공기지 부근의 항공 사진. 오미나토 기지는 다른 기지와 다르게 소속 함정 척수는 적고 규모도 작지만 북방방어라는 기지, 거점의 의미에서 중요한 기지로 평가받고 있다. 〈国土交通省〉

으로 냉전 시 엄중한 감시활동이 이루어졌으며, 현재에도 계속되고 있다.

오미나토는 자연환경이 가혹한 것이 큰 특징이다. 최북단인 만큼 겨울에는 함정이 결빙할 정도로 춥고 눈바람이 무척이나 거세다.

(1) 연혁

1902년에 오미나토 수뢰단水雷團이 창설되어 러일전쟁 때 쓰가루 해협 경비를 맡았고, 1905년에는 오미나토 요항부로 승격했다. 이후 오미나토 요항부는 1941년에 부대의 기능 강화를 위해 경비부로 개편되었다. 종전 무렵 공습을 당해 큰 피해를 입은 경비부는 폐지되었다. 1953년 오미나토는 보안청경비대 오미나토 지방대로 신편되고, 다음해 자위대 창설과 함께 지방대가 되었다.

(2) 소속 함정

과거 해상자위대의 최초 대함미사일, 가스터빈 기관, 무인포 등 북방의 중요성을 고려해 첨단장비를 갖춘 함정이 주축을 이루었으나, 그러한 호위함은 2010년까지 전부 퇴역했고 한때는 소속 함정이 호위함 5척, 보조함정 1척밖에 없었으나, 2011년 편성 조정으로 범용 호위함 2척이 편입되었다.

(3) 1만 톤 도크

해상자위대가 관리·운영하는 유일한 1만 톤 도크dock는 '오미나토 도크'라고 불린다. 구 일본 해군에 의해 1940년 착공되어 1944년에 완성되었다. 종전 후에는 오미나토 조선소가 사용했지만 1950년에 폐쇄되었다. 그 후 장기간 도크 보유를 염원하던 해상자위대가 복구해 1964년에 보유하게 되었고, 1971년에 운용이 재개되었다. 이후 호위함 등의 정례적 검사나 특별정기검사 등을 실시했고, 2013년에는 입거 600척을 달성했다.

KEYWORD 19
8·8함대, 시대를 넘어 실현되다

평소 일본 해군이나 해상자위대에 관해 관심이 있는 사람이라면 누구나 한 번쯤은 들어보았을 용어가 8·8함대다. 과거 일본 해군과 해상자위대 전력의 특징을 나타내는 대표적인 용어인 8·8함대는 어떠한 의미를 담고 있는 것일까?

8·8함대의 어원은 20세기 초 러일전쟁 이후의 구 일본 해군 시대로 거슬러 올라간다. 일본은 러일전쟁 승리 후 해군력 강화를 중심으로 한 열강의 군비경쟁 속으로 뛰어들게 된다. 미국, 영국 등 당시 열강의 해군력에 견줄 만한 전력을 구축하기 위해 일본 해군은 신형 전함 8척과 순양함 8척으로 구성된 주력함대를 확보하는 8·8함대 건설 계획을 수립했다. 공격력이 우수한 전함 8척과 기동력이 우수한 장갑순양함 8척으로 주력함대를 구축하고, 노후화된 전함 8척과 장갑순양함 8척으로 예비 함대를 구성하여 총 2개 함대 32척의 함정(전함 16척과 장갑순양함 16척)을 보유하려는 계획이었다.

전함 8척과 장갑순양함 8척으로 주력함대를 구성한다는 8·8함대의 개념이 만들어진 논리적 배경은 당시 일본의 잠재적 적국으로 부상한

구 일본 해군 8·8함대 건설 장면. 전함 8척과 장갑순양함 8척으로 주력함대를 구성한다는 8·8함대의 개념이 만들어진 논리적 배경은 당시 일본의 잠재적 적국으로 부상한 미국에 대항할 수 있는 전력을 건설해야 한다는 것이었다.

미국에 대항할 수 있는 전력을 건설해야 한다는 것이었다. 쓰시마 해전 당시 도고 연합함대사령관의 작전참모였던 아키야마 사네유키秋山真之와 해군대학 교관이었던 사토 데츠타로佐藤鉄太郎는 러일전쟁 직후 세계 해전사와 러일전쟁 당시의 해전 상황을 분석하여, 당시 주력함이 24척이었던 미 해군에 맞서기 위해서는 적어도 미 해군이 보유한 주력 전력의 70%에 해당하는 16척의 함정이 필요하다는 분석 결과를 제시했던 것이다.

이러한 분석 결과로 만들어진 8·8함대 건설 계획은 1907년 일본 정부에 의해 승인되었으나, 워낙 많은 비용이 소요되는 계획이었기 때문에 장기간의 논란 끝에 1920년이 되어서야 예산안이 통과되었다. 당시 일본의 연간 국가예산이 15억 엔이었는데, 8·8함대가 완성될 경우 유지비만으로도 6억 엔이 소요되어, 이를 유지하는 것이 처음부터 불가능했다고 전해진다. 우여곡절 끝에 8·8함대 건설 계획이 추진되기 시작했지만, 불과 2년 뒤 열강들 간에 체결된 워싱턴 해군군축조약에 의해 일본 해군의 8·8함대 계획은 3척의 전함이 완성된 단계에서 더 이상 추진되지 못하고 파기되고 만다.

이러한 8·8함대 추진 계획의 좌절에 대해 일본 내에서는 오늘날까지도 아쉬움을 논하는 목소리가 많다. 일본 해군의 야심찬 8·8함대 건설 계획이 제대로 추진되었다면 태평양전쟁의 결과도 달라졌을지 모른다는 역사적 가정까지 존재한다. 하지만 강한 해군력 건설에 대한 일본의 비원悲願은 반세기 후 해상자위대를 통해 실현된다.

일본은 전후의 고도경제성장을 바탕으로 1960년대 후반부터 본격적인 해상자위대 전력 구축을 추진하게 되었고, 이 때부터 8·8함대 개념이 되살아나기 시작한다. 이 시기에 일본 방위청에 의해 표명된 자위대의 군비확충계획인 『제3차 방위력 정비계획(1967년~1971년)』에서 해상자위대 최초의 전력운용 단위로 8함 6기 체제가 제시되었다. 이것은 대잠헬기 3기를 탑재하는 헬기호위함(DDH) 2척과 대공방어 임무를 담당하는 유도탄호위함(DDG) 1척, 그리고 대잠전을 주 임무로 하는 호위함(DD) 5척, 이렇게 총 8척의 호위함으로 1개 호위대군을 구성하는 체제였다. 그리고 운용분석기법Operations Research을 통해 적 잠수함 위협에 가장 효과적으로 대응할 수 있는 대잠헬기 운용의 기본단위를 4기로 분석하고, 이에 가동률을 고려하여 1개 호위대군에 대잠헬기 6기를 운용하는 것으로 했다. 즉, 호위함만으로는 소련의 핵잠수함을 탐지·추적하는 것이 매우 어렵다고 판단하고, 대잠헬기 4기를 동시에 투입하여 3기가 디핑소나를 이용해 잠수함을 동시 추적하고 1기가 어뢰공격을 실시하면 효과성이 매우 높다고 분석했던 것이다. 이와 같은 분석 결과로 해상자위대는 먼저 2개 호위대군을 8함 6기 체제로 편성했다. 이렇게 편성한 8함 6기 체제는 이후 새로운 8·8함대로 이어지게 된다.

1970년대 후반 냉전의 심화와 함께 소련의 핵잠수함이 증가하고 성능이 향상됨에 따라 일본은 대잠전 능력을 강화해야 할 필요성을 절감했다. 또한 예인형 수동 소나 및 소노부이를 이용한 대잠전술과 컴퓨터 시스템을 활용한 전투체계의 발달 등을 배경으로 해상자위대는 호위대군의 전력 구성을 재검토하게 된다. 그 결과, 기존의 디핑소나 운용을 중심으로 하는 대잠헬기 운용 전술에 더하여 잠수함 활동 해역에 대잠헬기를 이용해 소노부이를 방책하는 전술을 추가하는 것이 매우 효과적이라고 분석하고, 이를 위해 1개 호위대군에 대잠헬기 2기를 추가하여 총 8기를 운용한다는 결론을 도출하기에 이르렀다.

뿐만 아니라, 같은 시기에 소련이 대함 순항미사일을 대량으로 배치하면서 해상자위대는 함대에 대한 대공방어 능력을 강화해야 할 필요성에도 직면했다. 이에 따라 1개 호위대군에 함대방공을 주 임무로 하는 유도탄호위함(DDG)을 2척 편성하는 것이 반드시 필요하다고 판단하고, 남은 6척의 호위함에 8기의 대잠헬기를 탑재하는 것이 적절하다는 결론을 도출했다. 즉, 1개 호위대군을 유도탄호위함(DDG) 2척, 대잠헬기 3기를 탑재하는 헬기호위함(DDH) 1척, 대잠헬기 1기를 탑재하는 호위함(DD) 5척으로 구성하는 8함 8기 체제를 확립하게 된 것이다. 바로 이 8함 8기 체제가 구 일본 해군의 함대정비계획에 견주어져 8·8함대 혹은 신新8·8함대로 불리어지게 된 것이다.

해상자위대는 이 8함 8기 체제의 실현을 위해 1980년대부터 호위함 전력 증강에 박차를 가하게 된다. 이 때부터 하쓰유키급 호위함 12척 (1982년~1987년), 아사기리급 호위함 8척(1988년~1991년), 곤고급 이지

오늘날 8·8 함대인 호위대군 전력. 1개 호위대군은 유도탄호위함(DDG) 2척, 대잠헬기 3기를 탑재하는 헬기호위함(DDH) 1척, 대잠헬기 1기를 탑재하는 호위함(DD) 5척으로 구성하는 8함 8기 체제다. 바로 이 8함 8기 체제가 8·8함대 혹은 신(新)8·8함대로 불리게 된 것이다.

스 호위함 4척(1995년~2000년), 무라사메급 호위함 9척(1996년~2002년), 다카나미급 호위함 5척(2003년~2006년)을 연이어 건조하여 막강한 해상전력을 구축하게 된다. 그리고 이러한 전력증강을 바탕으로 8함 8기로 구성된 호위대군을 4개까지 편성하여 1, 2개 호위대군을 상시 작전 운용할 수 있도록 했다. 즉, 기동부대의 운용 주기를 고려하여 1개 호위대군은 수리 및 정비, 다른 1개 호위대군은 전비태세 향상을 위한 교육훈련에 전념할 수 있게 하고, 1, 2개 호위대군은 상시 작전 운용이 가능하도록 한 것이다.

8·8함대의 발전은 여기서 그치지 않는다. 2000년대 후반, 해상자위대는 기존의 헬기 3기를 탑재한 하루나급 호위함(DDH)을 대체하는 전력으로서 휴가급 및 이즈모급 항모형 호위함을 건조하여 호위대군의 기함

으로 배치했다. 이로써 1개 호위대군이 운용하는 대잠헬기의 수는 8기 이상으로 증가되었다. 이제는 일본 해군이 꿈꾸었던 8·8함대를 능가하는 전력이 구축되고 있는 것이다.

　이와 같이 8함 8기 체제를 근간으로 하는 4개 호위대군은 실로 엄청난 전력이다. 현재 우리 해군은 세종대왕급 이지스 구축함 3척과 충무공이순신급 구축함 6척으로 구성된 1개 기동전단을 보유하고 있고, 장래에 3개 기동전단을 확보하는 것을 목표로 하고 있다. 그러나 일본은 우리 해군이 목표로 하고 있는 그 이상의 해상전력을 이미 확보한 것이다. 이러한 막강한 전력을 보유한 잠재적 위협에 대해 억지력을 가질 수 있을 정도의 해군력을 우리도 구축해가야 할 이유가 바로 여기에 있다.

KEYWORD 20
세계 최고 클래스, 대잠전 파워

해상자위대는 'ASW^{Anti Submarine Warfare}(대잠전) ORIENTED NAVY'로 지칭되어왔을 정도로 창설 초기부터 대잠전 능력을 가장 중요시하고, 대잠전 능력 향상을 위해 각별한 노력을 기울여왔다. 해상자위대의 대잠전 중시는 태평양전쟁에서 일본의 수송선단이 미 잠수함에 의해 파괴되어 전쟁지속 능력에 큰 타격을 입었던 역사적 교훈에 더하여, 냉전기 미일 안보체제 하에서 구소련의 핵잠수함에 대한 경계임무를 해상자위대가 담당했던 것이 그 배경이라 할 수 있다.

해상자위대는 대잠전 능력 강화를 위해 먼저 대잠헬기 탑재 호위함의 확충을 일관되게 추진해왔다. 항속력이 높은 구소련의 핵잠수함에 대해 수상함만으로 대처할 수 없다고 판단하여 항공기 중심의 대잠전 수행 능력 강화에 박차를 가했다. 이에 따라 1973년부터 하루나급과 시라네급 헬기호위함(DDH)을 각각 2척씩 건조하여 1척의 호위함에 대잠헬기 3기를 동시에 탑재·운용이 가능하도록 했다. 이는 당시 세계적으로도 전례가 없는 것이었다. 이에 더하여 1982년부터 대잠헬기 1기를 탑

대잠헬기 4기를 동시 운용 중인 휴가함. 휴가급 호위함은 배수량 1만 9,000톤의 항모형 호위함으로 대잠헬기 4기가 동시에 이·착함할 수 있는 비행갑판을 보유하고 있다. 휴가급 호위함의 보유로 해상자위대 1개 호위대군은 특정 해역에서 대잠헬기를 최대 10기까지 운용할 수 있는 능력을 보유하게 되었다.

재·운용할 수 있는 하쓰유키급 구축함(DD) 20척을 건조함으로써 1990년대 말에는 호위함대를 구성하는 4개 호위대군護衛隊群을 각각 DDH 1척, DDG 1척, DD 5척으로 편성하여 8·8함대(호위함 8척, 대잠헬기 8대) 체제를 완성했다. 8·8함대 편성의 주 목적은 수상함과 대잠헬기의 소나 SONAR(음파탐지기) 시스템을 이중 또는 다중으로 운용하는 것이었다.

해상자위대는 2009년에 이러한 대잠전 수행 개념을 구현하는 완성 단계로서 휴가급 호위함(DDH)을 건조했다. 휴가급은 배수량 1만 9,000톤의 항모형 호위함으로 대잠헬기 4기가 동시에 이·착함할 수 있는 비행갑판을 보유하고 있다. 휴가급 호위함의 보유로 해상자위대 1개 호위대군은 특정 해역에서 대잠헬기를 최대 10기까지 운용할 수 있는 능력을 보유하게 되었다. 나아가 해상자위대는 휴가급 호위함의 개량형으로 2만 4,000톤급 이즈모급 호위함을 2척 건조했다. 이즈모급 호위함은 SH-60 대잠헬기 12기를 비롯해 수송·구조헬기 등 최대 14기의 헬기를 탑재할 수 있고, 위성을 이용하여 함정과 대잠헬기 간 대잠정보를 공유할 수 있는 네트워크 시스템을 장착했다. 이와 같이 해상자위대는 항모형 호위함을 통해 다수의 대잠헬기를 동시 운용함으로써 항공기 중심의 대잠작전 능력을 더욱 강화하고, 다수의 수상함 및 대잠항공기를 효과적으로 통합 운용할 수 있는 체계를 구축한 것이다.

대잠전 능력 강화를 위한 전력 운용과 함께 해상자위대는 효과적인 대잠전 수행을 뒷받침할 수 있도록 해양정보 및 대잠정보 수집활동을 적극적으로 실시하고 있다. 일본 주변 해역의 해양환경 및 음파전달과 관련된 데이터, 주변국 잠수함이 방사하는 항주소음 등을 수집·축적하여 타국 잠수함의 탐색·추적·식별 등에 활용하고 있는 것이다. 이러한 해양정보 및 대잠정보의 수집은 히비키급 음향측정함이 담당하고 있다. 2척의 히비키급 음향측정함은 미국으로부터 도입한 예인형 수동 소나 SURTASS를 운용하여 타국의 잠수함이 방사하는 음원의 수집을 주 임무로 하고 있다. 또한 미 해군과 대잠정보의 교환·처리를 전담하는 조직을 운용하여 미일 연합 대잠정보를 수집·축적하고 있다. 이렇게 음향측정함 및 연합 대잠정보 관련 조직을 통해 수집된 음향 데이터는 자위함대사령부로 집약되어 분석·평가된 후 호위함대나 P-1 및 P-3 등의 대잠초계기 부대로 전파되어 대잠센서의 탐지거리 예측이나 센서의 전술적 운용 등 대잠전 수행에 직접 활용되고 있다.

한편, 해상자위대는 일본 주변 해역의 효과적인 대잠경계 및 감시를 위해 지정학적으로 중요한 해역에 수중감시체계를 설치하여 운용 중에 있다. 냉전기 구소련 잠수함의 태평양 진출을 억제하는 것이 해상자위대의 전략이었음을 감안할 때, 수중감시체계는 구소련 잠수함이 태평양 진출을 위해 통과해야 하는 3대 해협, 즉 쓰가루·소야·쓰시마 해협에 설치된 것으로 알려져 있다. 또한 일본의 주요 군사기지가 위치한 지역의 만灣 입구나 인근 수로에도 수중감시체계를 설치하여 운용 중인 것으로 보인다.

수중감시체계뿐만 아니라, 중요 해역에는 잠수함을 투입하여 대잠 감시작전을 수행하고 있다. 특히 해상자위대의 잠수함은 AIP^Air Independent Propulsion^(공기불요추진) 체계를 채용함으로써 특정 해역을 통과할 것으로 판단되는 타국 잠수함을 수중에서 매복하여 감시할 수 있는 능력이 크게 향상되었다.

수중감시체계 및 잠수함, 미일 연합정보자산에 의해 획득된 각종 대잠정보에 따라 일본의 특정 해역에 타국의 잠수함이 활동하는 징후가 포착되면 대잠초계기와 호위함이 즉각 출격하여 잠수함의 위치를 식별하여 접촉 및 추적을 실시한다. 해상자위대 대잠초계기의 기본 대잠전술은 다수의 수동 소노부이를 잠수함 활동 예상 해역에 부설하여 감시 영역을 설정한 후, 수동 소노부이를 통해 수집된 잠수함의 개략적인 위치정보를 바탕으로 능동 소노부이의 운용 및 비음향 탐색(자기변화탐지기MAD, 전자전장비, 레이더 및 광학장비 등을 이용한 잠수함 탐색)을 통해 잠수함의 위치를 식별하고 추적 및 공격하는 방식을 취하고 있다.

수상함의 경우, 평시 중요 해역의 대잠초계, 선단 호송의 임무를 수행하며 통상 2척 이상의 호위함으로 대잠탐색단대를 구성하여 대잠전을 수행한다. 하쓰유키급 이상의 모든 호위함은 선체 고정형 능동 소나와 예인형 수동 소나TACTASS를 보유하고, 잠수함에 의한 원거리 피탐을 방지하기 위해 항주소음을 감소시키는 기술이 적용된 것으로 알려져 있다.

디핑소나를 하강하고 있는 SH-60J

또한, 현재 호위함대의 주력 전투함들은 탑재 대잠헬기(SH-60J/K)를 이용한 항공기 중심의 대잠전을 수행하는 것을 기본으로 한다. 무라사메급 이상의 호위함은 격납고 면적을 늘려 대잠헬기 2기를 탑재할 수 있도록 하여 대잠전 수행 시 대잠헬기의 가동률을 향상시켰다. 특히, 대잠헬기가 능동 디핑소나를 운용할 때 모함母艦의 예인형 수동 소나 및 전자전 장비를 동시에 운용함으로써 잠수함 탐지율을 높이고, 상황에 따라 다수의 대잠헬기를 동시에 운용함으로써 잠수함 탐지 및 추적 능력을 극대화하고 있다. 또한 대잠헬기는 수동 소노부이의 운용도 가능하고, 데이터링크를 통해 모함과 실시간으로 잠수함 접촉정보를 교환할 수 있다.

호위함의 대잠공격무기로는 VLA Vertical Launch ASROC(수직발사어뢰) 및 3연장 어뢰발사기를 보유하고 있는데, 특히 VLA는 순간 공격이 가능하고 장사정화가 진행되고 있다. 어뢰의 경우, 미국이 개발한 Mk46을 주로 운용해왔으나 최근에는 천해역에서 목표물에 대한 유도 능력을 향상시킨 일본 자체 개발의 97식 어뢰로 바뀌고 있다.

한편, 해상자위대의 신형 함정들은 대잠전 수행 능력을 더욱 강화했다. 휴가급 호위함은 탑재 대잠헬기의 수가 3기 이상으로 증가되었을 뿐

대잠전 기능을 더욱 강화한 최신예 아키즈키급 호위함

만 아니라, 대잠전 C4I Command, Control, Communication, Information(지휘·통제·통신·정보) 기능이 대폭 강화되었으며, 여러 유형의 소나와 소노부이 신호를 통합 처리할 수 있는 OQQ-21 신형 소나 시스템을 장착하여 대잠전 그룹의 핵심 전력으로서의 기능이 획기적으로 향상되었다.

나아가 최신예 아키즈키급 호위함(DD)은 휴가급이 장착한 OQQ-21의 개량형인 OQQ-22 통합 소나 시스템을 장착했다. 이 OQQ-22 통합 소나 시스템은 원거리 탐지가 가능한 최신의 저주파 능동 소나와 예인형 수동 소나, 대잠헬기의 디핑소나 및 소노부이 등으로부터 획득된 각종 음향신호뿐만 아니라, 타 함정이나 대잠초계기로부터의 대잠정보도 통합 처리할 수 있고, 어뢰대항체계의 통제 기능까지 구비했다. 또한 아키즈키급 호위함은 해상자위대 최초로 어뢰감시센서, 자동 항주식 어뢰대항체와 투하형 어뢰대항체를 동시에 장착하여 어뢰대항 능력을 크게 강화했다. 이로써 아키즈키급 호위함은 세계 최고 수준의 대잠전 능력을 구비한 것으로 평가되고 있다.

요컨대, 해상자위대는 현대 대잠전의 주류라 할 수 있는 항공기 중심의 대잠전 수행체계를 효과적으로 구축하고, 각종 대잠 센서와 무장체계

잠수함을 탐지하기 위한 음향부표인 소노부이를 투하하는 P-3C 대잠초계기

의 성능을 지속적으로 개량하고 있을 뿐만 아니라, 수상함-항공기-잠수함-수중감시체계 등의 대잠전력을 유기적으로 통합할 수 있는 네트워크 체계를 구축하여 대잠전력들을 융통성 있고 효율적으로 편성·운용하고 있는 것이다. 이러한 해상자위대의 대잠전 능력은 현재 미 해군에 이어 세계 최고 수준에 도달해 있다고 해도 과언이 아니며, 해상자위대는 지금도 대잠전 능력 향상을 최우선 과제로 삼고 이를 지속적이고 일관성 있게 추구하고 있다.

KEYWORD 21
세계 유일의 항공모함형 호위함 운용

최근 일본은 항공모함 형태의 대형 호위함 4척을 건조했다. 2009년 휴가함을 시작으로 2011년에는 휴가급 2번함인 이세함을 건조했고, 2015년에는 휴가급보다 더 대형화된 이즈모함을 건조하여 세계의 주목을 받았다. 이즈모급 2번함도 곧 취역을 앞두고 있다. 해상자위대는 이들 함정을 헬기 탑재 전용 호위함으로 천명했다. 하지만 일각에서는 이들 호위함이 일본의 주장과 달리, 실제로는 항공모함의 기능을 수행할 수 있는 것이 아니냐는 주장도 제기되고 있다. 특히 길이 197m와 248m에 달하는 이들 호위함의 비행갑판 형태와 갑판의 내열성耐熱性 강화를 위한 도료 사용 등을 고려하면, 전투기들을 탑재할 수 있는 경輕항모로의 전용이 가능하다는 것이다. 과연 일본의 항모형 호위함은 일각의 논란처럼 경항공모함이라고 할 수 있는 것일까?

해상자위대가 항모형 호위함을 건조하게 된 배경은 대잠전 수행 능력 강화에 있다. 앞서 해상자위대의 8·8함대 편성에서 언급한 것처럼, 냉전기 해상자위대는 적 잠수함 위협에 가장 효과적으로 대응할 수 있는 기동부대의 편성으로 8함 8기 체제를 구성했는데, 이 8·8함대의 기함 임

함께 기동 중인 휴가함(앞)과 이즈모함(뒤)

무를 대잠헬기 3기를 탑재한 해상자위대 최초의 헬기 호위함인 하루나급 DDH가 수행했다. 그리고 30여 년 뒤인 오늘날까지 해상자위대의 8·8함대 운용 개념이 유지되는 가운데, 노후화된 하루나급 DDH의 후속함으로 항모형 호위함인 휴가급 DDH가 건조된 것이다.

휴가급 DDH는 배수량, 선체 제원, 기관 출력 등 모든 면에서 하루나급 DDH보다 대형화되고 성능이 크게 향상되었으며, 특히 다수의 헬기 운용 능력을 확보하기 위해 항모형 비행갑판 형상을 채택하고 비행갑판의 강도도 강화했다. 이를 통해 휴가급 DDH는 최대 11기의 헬기를 탑재할 수 있고, 3기의 대잠헬기(SH-60J/K)를 동시 운용 가능하게 되었다. 다수의 헬기 운용 능력을 확보함과 동시에 휴가급 DDH는 함포를 제외하고 다른 호위함과 거의 동일한 센서와 무장체계를 탑재하고 있다. 먼저 대잠전 능력 측면에서는 자국이 개발한 신형 저주파 소나 OQQ-21을 장착하여 잠수함 탐지거리를 증가시켰고, 수직발사용 장거리 어뢰(ASROC)와 3연장 단거리 어뢰를 보유하여 잠수함에 대한 공격도 가능하다. 또한 이러한 대잠 센서 및 무장을 효율적으로 통합 운용할 수 있는 대잠전 지휘체계를 탑재하여 대잠전 수행 능력을 강화했다.

대공전 능력 면에서도 휴가급 DDH는 일본이 개발한 능동위상배열 레이더인 FCS-3와 개량형 시스패로(ESSM) 함대공미사일을 탑재하여 자함뿐만 아니라 타함에 대해서도 대공방어를 제공할 수 있는 구역방공 능력을 보유했다. 그 외에도 우수한 C4I_{Command, Control, Communication, Information}(지휘·통제·통신·정보) 체계를 구축하여 기동부대인 호위대군의 지휘통제함으로서의 기능뿐만 아니라, 육·해·공 합동작전을 위한 해상 거점으로서의 기능을 수행할 수 있는 능력을 갖추었다. 이와 같이 휴가급 DDH는 다수 항공기 운용 능력과 자함의 전투 능력, 그리고 지휘통제함으로서의 기능을 동시에 갖춘 '다기능 호위함'으로 평가할 수 있다.

휴가급 DDH 2척의 뒤를 이어 건조된 이즈모함은 휴가급보다 더욱 향상된 능력과 다양한 기능을 갖추었다. 무엇보다 항공기 운용 능력을 더욱더 중요시하여 최대 14기의 헬기를 탑재할 수 있고, 대잠헬기를 7기까지 동시 운용할 수 있게 되었다. 또한 도서방어 및 탈환, 재해구호활동 등에 운용할 육상자위대의 3.5톤 대형 트럭을 50여 대 탑재할 수 있고, 상륙군으로 운용될 수 있는 육상자위대 병력의 수용 능력 및 CH-47과 같은 대형 수송헬기의 탑재 능력 또한 갖추었으며, 다른 함정에 대해 연료유 공급(최대 약 3,300kl) 등의 군수지원도 할 수 있는 등 보다 다양한 임무를 수행할 수 있는 능력을 확보했다. 지휘통제함으로서의 기능도 변함없이 중시되어 우수한 C4I 및 네트워크 체계를 구축하고 있다. 다만, 이즈모급 DDH는 헬기 및 차량·병력 등의 탑재·수송 능력이 강화된 반면에 자함의 전투 능력은 휴가급 DDH에 비해 감소되었다.

휴가급 DDH와 이즈모급 DDH 비교

구분	휴가급	이즈모급
경하 / 만재 톤수	13,950톤 / 19,000톤	19,500톤 / 26,000톤
길이 / 폭 / 깊이	197m / 33m / 22m	248m / 48m / 23.5m
흘수	7m	7.1m
기관	가스터빈(LM2500GT) 4기	가스터빈(LM2500GT) 4기
기관출력 / 최대속력	100,000마력 / 30노트	112,000마력 / 30노트
주요 무장	20mm Phalanx 2기, 수직발사대(16셀 / ASROC, ESSM), 3연장 단거리어뢰 발사관 2기	20mm Phalanx 2기, RAM 2기, 어뢰대항체계
주요 센서 및 전투체계	FCS-3 위상배열레이더, OPS-20 항해레이더, OQQ-21 소나체계, 대잠전 지휘체계, OYQ-10 전투지휘체계, NOLQ-3C 전자전장비	OPS-50 위상배열레이더, OPS-28 대함레이더, OQQ-23 소나체계, 대잠전 지휘체계, OYQ-12 전투지휘체계, NONQ-3D-1 전자전장비

〈출처 : 세계의 함선(2015년 8월호)〉

이즈모급 DDH는 어뢰 등의 대잠공격무기를 장착하지 않고 어뢰 위협으로부터 자함을 방어할 수 있는 어뢰대항체계만을 장착했으며, 휴가급과 달리 중주파 소나 OQQ-23을 장착하여 잠수함 탐지거리가 상대적으로 감소되었다고 할 수 있다. 또한 대공전 능력에 있어서도 FCS-3에서 미사일에 대한 조사기능Illuminator을 제외한 시스템인 OPS-50 대공레이더를 장착했으며, 개량형 시스패로 함대공미사일을 탑재하지 않고 근접방어무기체계인 RAM과 PHALANX만을 장착하여 자함방어 능력으로 한정했다. 이는 대잠전 수행에 있어 이즈모급 DDH는 잠수함 위협으로부터 원거리에 위치하여 자함의 안전을 확보하고, 무장 탑재를 위한 공간을 줄여 보다 더 많은 대잠헬기를 탑재·운용하여 대잠전을 수행하려는 전술적 판단이 반영된 결과로 보인다.

지금까지 살펴본 바와 같이, 휴가급 및 이즈모급 DDH는 다수의 헬기 운용 능력, 자함 전투 능력, 지휘통제함 및 수송·군수지원 능력 등 다기능 호위함으로서의 능력을 보유하고 있다. 이러한 능력들은 사실 일반적인 항모의 능력과는 거리가 있다. 항모는 다수의 항공기, 특히 전투기나 폭격기 등을 탑재·운용하는 데 주된 목적이 있어 항모 자체의 전투수행 및 방어 능력은 매우 제한적이다. 이에 따라 대잠·대공위협 등으로부터 항모를 방어하는 임무는 항모기동부대에 편성된 다른 전투함정들이 수행한다. 이에 반해 휴가급 DDH는 다수의 대잠헬기 운용 능력과 우수한 대잠 센서 및 무장을 보유하고 있다는 점에서 항모보다는 대잠전 수행의 핵심 함정으로서의 기능에 초점을 두고 만들어진 것으로 평가할 수 있다. 이즈모급 DDH 역시 대잠헬기 중심의 대잠전 수행 능력을 강화한 호위함으로 평가할 수 있으며, 비록 자함의 전투 능력은 감소된 면이 있지만, 헬기 운용 능력과 수송 및 군수지원 능력 등을 확충한 다기능 호위함으로서 만들어진 것으로 평가할 수 있다.

또한 이러한 함정을 항모로 운용할 경우, 다수 항공기에 대한 정비 기능 및 연료·탄약 보급 능력, 대규모 항공 정비·관제요원 수용 능력 등을 갖추어야 하나, 휴가급 및 이즈모급 DDH는 이러한 기능을 보유하지 않은 것으로 알려져 있다. 이러한 점까지 종합적으로 볼 때, 이들 함정은 대잠헬기 중심의 대잠전 수행 및 다기능 호위함 운용이라는 해상자위대의 전력운용 구상에 바탕을 두고 만들어진 전 세계적으로 유일한 항모형 호위함으로 보는 것이 현실적으로 타당하다고 할 수 있을 것이다.

하지만 일본이 이들 함정의 선체 구조를 개조하고 각종 기능을 추가로 부여한다면, 항공모함으로 변신한 휴가와 이즈모함의 모습을 보게 되는 것이 불가능한 일은 아니다. 일본은 지금도 그러한 구상을 치밀하게 하고 있을지도 모른다.

KEYWORD 22
방위예산의 우선 순위, 해군력

최근 일본의 역대 최고 수준의 방위예산 편성이 화제였다. 2016년도 일본 방위예산은 전년 대비 1.5% 증가한 약 5조 541억 엔이다. 방위예산은 이례적으로 4년 연속 증액되었으며, 사상 최대 규모로 올해 처음 5조 엔을 돌파했다. 그 이유로는 북한의 핵실험과 장거리 미사일 발사 등의 위협에 대한 대비와 중국의 해양진출 견제를 들었다. 예산안이 통과된 2016년 3월 29일은 자위대의 집단적 자위권 행사를 규정한 안보법률이 발효된 날이기도 하다.

일본은 방위계획대강과 중기방위력 정비계획에 따라 방위예산을 편성한다. 문민통제의 방위성은 매년 다음 연도 방위예산 요구 설명을 위해 사진과 그림을 넣어 일반 국민들도 이해하기 쉬운 자료로 만들어 방위성 홈페이지를 통해 공개한다. 아마도 공개하는 만큼 방위성 내에서 충분한 사전검토와 합리적인 의사결정을 하고, 일본 국민들의 공감을 얻는 데 자신이 있다는 것으로 여겨진다.

2016년도 방위예산 요구 자료를 보면, 확연히 드러나는 것이 해상방위력 중심의 예산 배분이다. 물론 각 자위대 예산 중 육상자위대 예산이

2016년 방위예산 설명자료 표지. 방위예산의 핵심이 해군력 건설이라는 점을 표지 중심의 함정 사진에서 엿볼 수 있다. 〈일본 방위성〉

1조 7,300억 엔으로 가장 큰 비중을 차지하나, 15만 8,900여 명의 육상자위대 정원 대비 4만 5,300여 명의 해상자위대의 예산 요구액 1조 1,500억 엔은 결코 작은 비중이라 할 수 없다. 또한 방위예산이 지난해에 비해 1.5% 증액한 것에 대비하여 해상자위대 예산은 5.3% 급증했다. 육상자위대의 예산이 지난해보다 1.1% 삭감된 현실도 고려하면 해군전력 증강에 상당한 투자를 하고 있다는 점을 알 수 있다.

이뿐만이 아니다. 방위예산 요구를 설명하는 논리의 우선순위를 해상방위력이 점하고 있다. 고정익 초계기(P-3C) 성능 향상 및 수명 연장, 대잠헬기(SH-60K) 추가 구매, 함정 탑재용 다용도 헬기 구매, 신형 초계헬기 개발, 신형 이지스 구축함 및 잠수함 건조 등 모두 14개의 그림으로 설명한 내용 중 4개를 제외한 10개가 전부 직접적인 해상방위 전력이다. 나머지 4개도 해상방위 감시 지원과 관련된 전력이다.

방위성이 국민들에게 제한된 국가예산에서 방위예산을 늘리려고 하는 이유를 설명하는 공간에서 "해상초계기를 더 구매해야 하고 이지스함, 잠수함도 추가적으로 필요해서 예산이 많이 필요합니다"라는 논리로 국민에게 우선적으로 설명하고 이해를 얻으려는 국가가 바로 이웃 일본이다.

KEYWORD 23
제4의 군(軍), 해상보안청

일본의 독도 영유권 주장은 집요하다. 이를 보여주는 일본의 정책 중의 하나가 주기적으로 행하는 일본 순시선의 독도 해역 침범이다. 관련 뉴스가 잊을 만하면 들린다.

일본 순시선은 독도의 12해리 영해선을 넘지 않은 채 독도 주변을 한 바퀴 돌고는 공해상으로 빠져나간다. 그런데 일본 순시선은 군함이 아니라 일본 해상보안청 소속의 경비함이다. 우리로 말하자면, 해경 함정인 셈이다.

여기서 해상자위대와 해상보안청의 차이를 짚어보고자 한다. 우선 해상자위대는 방위성이 관할하는 조직으로, 함정이 140여 척, 항공기 170여 대를 보유한 부대다. 외국의 침략이나 미사일 발사 등의 군사적 위협에 대비하여 영토, 영해를 지키는 것을 주 임무로 하며 해난사고나 재해 등이 발생할 때에는 국가, 지자체, 해상보안청의 요청을 받아 피해자의 수색·구조 활동이나 환자나 물자 이송 등을 한다.

반면, 해상보안청은 국토교통성이 관할하는 조직으로, 함정 449척, 항공기 73대를 보유하고 체포·수사권을 가지고 범죄를 방지하는 바다의 경찰 역할과 화재 선박에 대한 소화활동, 수로 측량, 해도 작성, 등대 건설 등 바다의 항행 안전에 관련된 업무를 한다. 해상보안청의 순시선은 기관포나 방수총 등 군함에 비해 비교적 가벼운 무장을 하고 있고 OO선船으로 불린다.

최근 해양범죄에 로켓 등이 사용되어 순시선의 성능이나 무장으로 대응이 어려운 상황에서는 방위대신의 허가를 받고 자위대법에 근거하여 해상자위대에 경찰권이 부여되며, 해상보안청법도 일부 준용되어 규정된 무기 사용이 인정되는 해상경비 행동이 가능하다.

해상보안청은 해상치안을 위해 국토교통성 산하에 창설되었지만, 창설 배경을 보면 사실상 소규모 구 일본 해군이었다. 패전 후 일본을 점령했던 연합군최고사령부GHQ에 의해 구 일본 해군이 해체됨에 따라 일본 근해에서는 해상 밀수, 밀입국, 해적행위 등이 빈번하게 발생했다. 이에 따라 일본 정부는 미국의 승인 하에 해상보안청을 창설하게 되는데, 이 때 3,000여 명의 구 일본 해군 군인들이 해상보안청에 채용되도록 연합군최고사령부가 허가했다.

이후 일본 해상보안청은 평화헌법의 족쇄에 묶인 해상자위대를 보완하는 조직으로 성장한다. 이를 상징적으로 보여주는 사건이 2001년에 발생했다. 2001년 12월 일본 해상보안청 순시선은 정지 명령을 거부하는 북한 선박에 경고 사격을 했고, 이 선박이 중국 쪽 배타적 경제수역으로 도주하자 선체를 사격해 정지시켰다. 양측 간에 총격이 오가면서 이 선박은 결국 격침되었고, 타고 있던 북한인 15명도 사망했다. 해상보안청에 발포권을 부여하는 교전규칙이 개정된 지 불과 1개월 만의 일이었다.

또한, 일본은 2000년 해상보안청의 영문 명칭을 기존의 'Maritime

해상자위대와 해상보안청 비교

구분	해상자위대	해상보안청
소속	방위성	국토교통성
창설	1952년 4월 해상경비대 창설 (해상보안청 내) 1954년 7월 해상자위대 창설	1948년 5월 1일
주요 조직	해상막료감부, 자위함대사령부, 5개 지방총감부	본청, 11개 관구본부
정원	45,826명(2016년 기준)	13,422명(2016년 기준)
예산	1조 1,500억 엔(2016년 기준)	1,876억 엔(2015년 기준)
함정	수상함 약 140척 잠수함 16척 항공기 170대	순시선 128척 순시정 238척 측량선 13척 항공기 74대

Security Agency'에서 'Japanese Coast Guard'로 바꾸었다. 일본은 1790년 창설된 미국 해안경비대US Coast Guard를 롤모델로 삼았다고 한다. 미 해안경비대는 육·해·공·해병대에 이은 '제5의 군' 역할을 한다. 평시에는 교통부의 관할 하에 있으나, 선전포고가 발령되면 해군에 속하게 된다.

해상보안청은 해난구조와 해상치안이라는 주요 임무 외에 해상수송로 안전 확보, 해적 소탕, 대테러작전 등을 추가로 수행했다. 16억 달러에 이르는 해상보안청 예산은 해상자위대의 17% 수준이다. 방위청 예산이 삭감되는 시기에도 해상보안청 예산은 계속 증액되었다. 일본의 방위비 예산이 국내총생산GNP의 1% 상한선으로 제한된 상황에서 일본 정

중국 해양감시선 해감51호(앞)와 일본 해상보안청 순시선(뒤)

부는 해상보안청 예산을 늘리는 것을 전폭적으로 지원했다. 주변국의 의심을 받지 않고 해양안보를 강화할 수 있는 방법으로 해상보안청이 그 해답이었다.

이제는 해상자위대 호위함 수준의 최첨단 장비를 갖춘 순시선과 공중조기경보기 등 각종 항공기도 보유한 해상보안청은 웬만한 중소국가의 해군력 수준에 근접하고 있다. 과거 일본 해상보안청은 제2차 세계대전 이후 참전한 역사가 있다. 아이러니하게도 한국전쟁이었다. 1950년, 개전 초부터 북한군은 기뢰활동을 시작했다. 그런데 유엔군의 기뢰를 제거하는 소해부대 전력은 매우 적은 규모였다. 이런 사정으로 1950년 10월 6일, 미 극동해군사령관은 일본 운수運輸대신에게 일본의 소해정부대 파병 명령을 내린다. 당시 연합군최고사령부의 통치 하에 있던 일본이 소해부대를 파병하는 것은 국제적으로 미묘한 문제를 안고 있었고, 일본 국내에서도 문제가 될 사안이었다. 결국 일본 특별소해부대는 일장기가 아닌 국제신호기인 'E기'를 게양하고 참전한다. 1950년 10월부터 약 2개월간 인천, 원산, 군산 등에서 소해활동을 실시했다. 46척의 소해정 등으로 기뢰 27개를 처분하는 성과를 거두었다. 일부 사상자도 있었다. 당시 소해부대 지휘관 중 1명은 해상자위관이 되어 해상막료장까지 역임하기도 했다.

　해상보안청은 최첨단 전력 면에서나 창설 배경, 그리고 참전의 역사 등 바다의 경찰 수준을 넘어서는 제4의 군軍이 될 파워를 가진 것으로 평가된다. 미국의 새뮤얼스Richard J. Samuels 교수가 "해상보안청이 이제 경찰이 아닌 군의 역할을 하고 있다"며 "해상보안청이 해상자위대 개입의 '리트머스 시험지' 역할을 하고 있다"고 지적한 사실은 해상보안청을 더 이상 예사롭게 바라볼 수만은 없다는 것을 단적으로 말해준다. 일본을 위협 전력으로서 평가·분석이 요구될 때, 해상보안청은 빠질 수 없는 전력으로 포함시켜야 할 것이다.

KEYWORD 24
별에서 사쿠라로 바뀐 계급장

해상자위대에는 장將(우리나라의 장군에 해당)부터 삼사三士(우리나라 이등병에 해당)까지의 계급이 있다. 해상막료장을 정점으로 해장海將(대장에서 중장), 해장보海將補(소장), 사관佐官(대령에서 소령), 위관尉官(대위에서 소위), 소曹(부사관), 사士(병사)로 구성된다. 사관 이하의 계급은 숫자가 작은 것이 상위 계급이다. 구舊 일본군에서는 대좌大佐, 중좌中佐, 소좌少佐 등의 호칭으로 불렀지만, 구 일본군의 색깔을 지우고자 일좌一佐, 이좌二佐, 삼좌三佐의 계급을 붙였다. 또한 계급장 문장紋章은 별 모양에서 국화(사쿠라)로 바뀌었는데, 그 이유는 군국주의 이미지를 희석시키려는 의도였다. 지금도 국화(사쿠라) 문양은 국민에게 사랑받는 디자인으로 학교, 관공서 등에서도 널리 사용되고 있다.

이와 관련된 일화가 있다. 2007년 일본 방위성이 자위대의 계급체계를 전면 개편하고 조직도 정식 군대 편제로 전환하는 계획을 추진 중이며 계급장 문장도 국화(사쿠라)에서 별로 바꿀 것이라고 보도했다. 그러나 실제로 그 계획이 추진되지 않았지만, 일본 자위대가 정식 군대로 된다면 아마도 계급장 문양부터 먼저 바꿀 것이다.

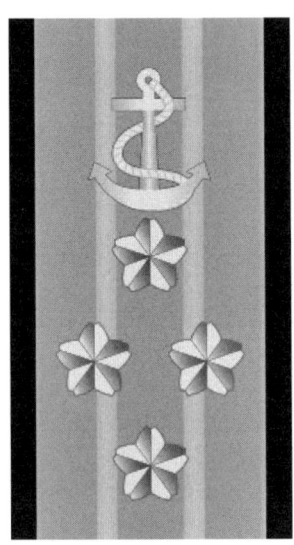

해상막료장 계급장. 계급장 문장은 별 모양에서 국화(사쿠라)로 바뀌었는데, 그 이유는 군국주의 이미지를 희석시키려는 의도였다.

아직까지는 계급장 모양이 국화(사쿠라)이지만, 언뜻 별 모양으로 보이는 것은 나만의 느낌일까. 일본의 군사력 강화에 대한 주변국의 우려는 날로 커지고 있다.

KEYWORD 25
호위함을 살피다: 함정 조직과 편성

함정은 바다에서 전개하는 부대다. 부대의 편성은 각국 해군별로 조금씩 상이하다. 일본 자위함의 대표적인 호위함 편성은 크게 두 가지다. 함정의 임무를 수행하기 위한 과科와 함정 내에서 생활하는 승조원을 관리하는 분대分隊다. 명칭은 우리 해군과 유사한 것들도 있지만, 일부는 익숙하지 않은 일본식 한자어도 있다.

1. 함정의 임무를 전문적으로 구분한 과(科)

해상자위대의 임무수행을 위한 과는 전부 16개다. 함정의 임무를 수행하는 것이기 때문에 함정의 종류에 따라 편제가 다르다. 예를 들면, 전투함인 호위함에는 병기를 다루는 포뢰과砲雷科가 있지만, 수송함에는 없고 잠수함에는 당연히 비행과가 없는 식이다.

(1) 선무과(船務科)

선무과船務科는 정보, 전탐, 통신, 암호, 항공관제, 선체소자와 관련된 장비의 정비가 기본업무다. 선무장船務長은 CIC Combat Information Center(전투지휘소)에 집약된 정보를 평가하고 전투지휘관인 함장의 작전을 보좌한다. 선무장 부하로는 선무사船務士, 통신사通信士, 항공관제사航空管制士, 전정사電整士의 간부가 있다. 선무사는 정보, 전탐, 선체소자를, 통신사는 통신, 암호 등과 항해 중에 함교에서 항해장의 보좌를, 항공관제사는 항공관제를, 전정사는 함내의 전자기기의 정비를 담당한다. 과원의 직종은 전측원, 항공관제원, 통신원, 전자정비원 등이 있다.

선무과는 함정의 두뇌로, CIC의 운용은 선무과의 중요한 역할이다.

(2) 항해과(航海科)

항해과航海科는 기류, 신호기에 의한 통신, 함교에서 조타, 견시, 기상관측 등 항해 전반의 업무를 담당한다. 항해사, 기상사의 간부가 배치된다. 항해는 레이더나 GPS의 정보를 이용한다. 레이더에 잡히기 어려운 소형 어선 등을 확인하기 위해서 눈으로 감시하는 것 역시 빼놓을 수 없다. 또한 항로를 해도에 표시하고 중요 항로 통과 시간을 기입하는 것도 항해과의 업무다. 각종 항해기기나 계기류 등의 정비작업도 담당한다. 과원의 직별은 항해원, 신호원, 전측원, 항공관제원, 통신원, 전자정비원 등이 있다.

함정을 안전하게 움직이는 것뿐만 아니라 작전행동 중 고도의 조함기술이 요구된다.

(3) 포뢰과(砲雷科)

포뢰과砲雷科는 함정의 각종 무장을 관장하고 포탄과 미사일 등을 운용한다. 단어뢰에 의한 대잠전을 하는 수뢰水雷, 포, 대공·대잠미사일에 의한 대수상전, 대공전을 하는 포술로 크게 구분된다. 포뢰장 예하에는 포술장砲術長) 수뢰장水雷長, 포술사砲術士, 수뢰사水雷士의 간부가 배치된다. 또한 출입항이나 해상보급 등의 갑판작업, 선체, 내화정, 닻, 색구 등의 정비를 포뢰과가 담당한다. 따라서 업무의 주된 장소는 갑판이다. 과원의 직별은 운용원, 사격원, 사격관제원, VLS원, SPY원, 수측원, 어뢰원 등이 있다.

대수상전, 대공전 외에 출입항이나 해상보급 등 업무 영역이 넓다.

(4) 기관과(機關科)

기관과機關科는 함정의 동력원이 되는 주기관(엔진), 보기, 전기, 잠수작업 등의 운용관리 외에도 함전반의 안전관리, 피해화재발생 시의 응급처치, 복구작업을 한다. 또한 함정의 인프라에 해당하는 전력, 전기, 공기조화기, 증기, 청수 등의 운용관리도 총괄하고 있다. 작업 장소인 기관실 등이 고온이기 때문에 다이어트에 최적이라고도 한다. 기과장 예하 간부는 응급장應急長, 기관사機關士, 응급사應急士의 간부가 있다. 과원의 직별은 증기원(보일러원), 디젤원, 가스터빈원, 기계원, 보기원, 전기원, 응급공작원, 함상구난원 등이 있다.

기관조종실에서 24시간, 함정의 상황을 모니터링하고, 보수작업을 담당한다.

(5) 보급과(補給科)

보급과補給科는 봉급 등 경비, 보급, 급식, 복리후생, 문서작업 등 함내의 서무 전반을 담당한다. 구 일본 해군에서는 주계과로 불려지던 부서다. 대형 함에는 보급장 예하에 보급사가 배치된다. 식사 제공, 건강관리, 사무 전반 등 서비스적인 역할을 담당하기 때문에 함내 생활을 쾌적하게 하기 위해 대단히 중요한 포지션을 담당한다. 그중 식사는 항해 생활의 큰 기쁨이기 때문에 급양원의 조리 실력은 승조원의 사기와 직결된다. 과원의 직별은 보급원, 경리원, 급양원 등이 있다.

맛있는 식사, 함내의 쾌적한 생활은 보급과의 서비스에 달려 있다.

(6) 위생과(衛生科)

위생과衛生科는 승조원의 건강관리, 지료, 위생관리, 위생기기의 취급을 담당한다. 본래 위생장으로 불리는 간부가 배치되지만, 대부분의 함정에는 공석이기 때문에 통상 보급장이 겸무한다고 한다. 때문에 항해 중에 환자가 발생한 경우에는 상주하고 있는 위생원이 간단한 응급처치를 실시하고(의료면허가 없기 때문에 의료행위는 불가) 신속하게 비행정이나 호위함 탑재 헬기 등 항공기를 사용해 환자를 운반한다. 의료처치에 해당하는 의관은 장기간 항해나 재해파견 등 임무에 필요할 때 파견된다.

의무실은 좁지만 간단한 설비를 갖추고 있고 가벼운 수술이 가능하다.

(7) 비행과(飛行科)

비행과飛行科는 탑재 헬기의 운용, 정비 등을 담당한다. 헬기는 타 부대 소속이지만, 탑재에서 해제까지 호위함의 지휘를 받는다. 비행장 예하에 정비장, 비행사, 정비사 등의 간부가 있다. 비행장과 비행사는 헬기 파일

럿이다. 정비원은 헬기와 같이 육상기지에서 파견되거나, 반대로 육상기지에서 정비원의 지원을 받는 경우도 있다. 과원은 항공기체정비원, 항공발동기정비원, 항공전기계기정비원, 항공전자정비원, 항공무기정비원, 항공구명정비원, 발착함원 등이 있다.

호위함과 한 몸이 되어 행동하는 탑재 헬기의 운용이 비행과의 주 임무다.

2. 승조원의 생활을 관리하는 분대(分隊)

임무상의 조직인 과科와는 달리, 분대分隊는 승조원의 신상파악, 교육훈련, 복무지도, 쾌적한 함내 생활환경의 정비 등을 목적으로 하는 생활상의 조직이다. 분대의 수도 함종에 따라 다르고, 비행과가 있는 호위함은 5분대로 구분된다. 분대장은 각 과장이 맡고, 과장이 부장 겸무의 경우에는 차석의 간부가 임명된다. 분대장과 분대사의 역할은 승조원의 인사, 복무, 복지, 건강·정신적 측면을 관리하고 외출부터 휴가까지 생활 전반을 관리하는 것이다. 이것을 지원하기 위해 승조원들과 밀접한 관계를 가지는 간부인 분대 선임해조先任海曹를 각 분대에 1명씩 배치한다. 각 분대는 다시 반으로 구분되고 상급해조의 반장이 반원의 복무지도를 담당한다.

CHAPTER 4
해상자위대 문화

KEYWORD 26
침략의 상징 욱일기가 자위함기로

깃발은 집단의 정신이고 그 집단에 속한 인간의 긍지를 만들게 한다. 1911년 아문센Roald Amundsen이 남극점에 도달하여 자국 국기를 꽂은 장면은 노르웨이의 자랑스러운 역사의 한 페이지가 되었다. 1969년 미국은 인류 최초로 달 착륙에 성공하자 성조기를 꽂아 미국의 힘을 전 세계에 과시했다. 우리의 3·1운동도 태극기를 통해 우리 민족의 독립에 대한 열망을 보여준 역사적 사건이었다.

역사에서 보듯 깃발은 단순한 상징이 아니라 그 이상의 중요한 의미를 가진다. 특히 국기나 부대기는 그 나라와 부대의 철학, 사상과 국민의 정서를 형상화하여 공들여 만든다. 그렇기에 국가의 기는 타국에서 간섭할 수 없는 영역이다. 그러나 깃발 하나가 그릇된 역사 인식을 반영하고 다른 국가에 아픈 상처를 준다면 달리 생각해봐야 할 일이다.

현재 해상자위대 함정 함미에 과거 일본 해군기海軍旗였던 욱일기旭日旗(일부 욱일승천기로 알려져 있지만, 욱일기가 올바른 표현이다)가 게양되어 있다는 사실을 알고 있는 사람은 얼마나 될까?

일본의 욱일기는 일장기日章旗를 기본으로 한 디자인이다. 영어로는

'Rising sun flag'다. 일장기는 1859년 도쿠가와德川 막부에 의해 일본의 국기로 채택되었고, 메이지 정부에서도 국기로 사용했다. 지금도 일본의 국기다. 일장기는 일본의 태양 신앙이 반영된 것으로, 일본인들이 애호한 디자인이었다고 한다. 일본에서는 그런 문양이 축복, 행운, 위풍당당함을 나타내기 때문에 축제 장식물, 어민들의 풍어 기원에 널리 사용되고 있다. 이런 배경 속에 일본 해군은 1889년 육군에 이어 일장기에서 16개의 부채선이 뻗어나가는 도안의 욱일기를 해군기로 채택했다. 이런 경위를 두고 이웃국가가 왈가불가할 수는 없다.

그러나 태평양전쟁 중 일본군에 의한 침략, 수탈, 만행이 자행되었던 역사적 현장에는 욱일기가 있었다. 분명한 사실은 욱일기가 제2차 세계대전의 전범기戰犯旗라는 것이다. 이런 이유로 일본 제국주의의 피해 국가인 우리나라와 중국 등에서는 터부시되고 있다. 우리나라 국회에서는 2013년에 일본 아베 정권의 우경화에 대응하여 욱일기 사용 등 제국주의 상징의 사용을 금지하는 법안이 제출된 적도 있다. 또한 모 프로그램에서는 욱일기가 그대로 걸려 있는 영상을 내보냈다가 여론의 질타를 받기도 했으며, 종종 연예인들이 욱일기 문양의 패션 아이템을 착용하여 비판의 대상이 되기도 한다.

독일 나치당의 하켄크로이츠Hakenkreuz기는 제2차 세계대전 이후 사용이 금지되었고, 지금도 사용하면 처벌을 받는다. 욱일기도 종전 후 사용이 금지되었다. 그러나 1954년 자위대 창설과 함께 일본 해상자위대 자위함기自衛艦旗로 욱일기가 다시 부활했다. 우리는 그렇게 된 배경과 그들의 의도를 살펴볼 필요가 있다.

당시 보안청(현재의 방위성)은 새로 탄생하는 해상자위대의 자위함기 디자인을 고심했다. 아마도 함정에 게양되고 작전이나 훈련을 위해 외국에 입항하는 경우가 많기 때문에 주변국의 시선을 무시할 수 없었을 것이다. 그러한 이유 때문인지 대내외적으로 도안을 공모했다고 한다. 작품 선정 책임자였던 일본의 모 화가는 화가로서 양심을 걸고 욱일기 이상의 작품성 있는 도안을 고를 수 없으니 욱일기를 해상자위대기로 선정하자는 안을 방위청 회의에 상정했다. 이후 회의에서는 창설되는 해상자위대에 대한 영향, 국민 감정 등을 고려했으나, 결국 당시 보안청장관은 그 안을 재가했다. 예술성, 웅장함, 패전으로부터 자신감 회복, 해군 전통 계승 등이 그 이유였다. 최종 결정자였던 당시 요시다吉田茂 수상은 일본 해군에서 사용하던 군함기를 그대로 자위함기로 사용하겠다는 보고를 받고 나서, 해군의 좋은 전통을 계승하여 해국일본海國日本의 방어를 잘 해주기 바란다고 말했다고 한다. 당시만 해도 일본 국민의 여론은 반전정서, 군대혐오사상이 팽배했다. 그런 가운데서도 보도진에게 공개하며 자위함기의 공식 사용을 국민에게 알렸다고 한다. 이는 제국주의 시절의 해군에 대한 향수를 잊지 못한 일본 지도부의 인식과 무장해제된 일본 해군의 인사가 주축이 되어 해상자위대가 창설된 점도 한몫을 했을 것이다.

사실 대부분의 일본인들에게서 욱일기에 대한 부정적 인식은 찾아보기 어렵다. 역사책에 나오는 깃발 정도이지 이것이 군국주의 상징이라고는 인식하지 못하고 있는 듯하다. 지금도 욱일기는 월드컵, 올림픽 등 스포츠 경기 응원, 패션, 만화 등에 널리 사용되고 있으며, 그것이 과거 일제의 군기였는지 모르는 일본인도 많다.

하지만 욱일기는 우리 국민에게 굴욕의 역사를 떠올리게 하고 반일감정을 부추겨 양국관계를 어렵게 만든다. 지금도 일본의 우익단체는 욱일기를 펄럭이는 퍼포먼스를 연출하며 반일감정을 부추기기도 한다.

1954년 6월, 자위대기(自衛隊旗)(왼쪽)와 자위함기(自衛艦旗)(오른쪽) 제정. 이렇게 욱일기는 자위함기로 다시 부활했다. 〈Public Domain〉

그러나 우리는 태평양전쟁 때 침략의 상징이었던 욱일기가 일본 해상자위대의 부대기로 부활하여 해상자위대 함정 함미에 게양되어 있는 배경과 현실을 냉철히 직시하고 잊어서는 안 된다. 저들이 영광스럽게 여기는 일본 해군의 승승장구하던 역사가 우리에게는 얼마나 고통스러웠던 시간이었는가. 우리의 해양수호는 더욱 절실하다.

KEYWORD 27
자위함정에는 위인 이름이 없다

2014년 8월, 일본은 해상자위대 고급장교들이 고대하던 항공모함급의 이즈모いずも함을 진수한다. 일본 해상자위대에게는 기념비적인 날이었지만, 우리나라를 비롯한 중국, 러시아는 불쾌하다는 입장을 언론을 통해 밝혔다. 이유인즉, 이즈모라는 이름은 메이지 유신 직후 제국주의 국가로서 일본이 영국에 주문해 1898년 장만한 장갑순양함의 명칭이었기 때문이다.

 이 함정은 청일전쟁에서 승리한 일본이 전쟁배상금을 투입하여 건조했다. 1905년 러일전쟁에서는 당시 러시아 해군 발틱 함대를 궤멸시킨 함대의 일원이기도 했고, 1937년 중일전쟁 중에는 상하이 시내를 포격하기도 했다.

 사실상 항공모함에 가까운 헬기 호위함의 명칭을 이런 역사적 배경을 가진 함명으로 정했으니 주변국이 반길 리 없다.

 이처럼 함정의 명칭은 제 자식의 이름을 붙이는 것과는 차원이 다르다. 국가의 사상, 역사적 배경, 해군의 의지 등이 담긴다. 예전 우리 해군이 대형 수송함의 명칭을 독도함으로 발표했을 때 일본이 불편한 기색

2014년 8월, 해상자위대 고급장교들이 고대하던 헬기모함 이즈모함의 진수식

을 감추지 않은 것도 이러한 맥락이다. 그만큼 함정의 명명은 영향력이 작지 않다.

각국 해군은 함정 분류 기준과 명명법에 따라 함명艦名을 정한다. 일본 해상자위대는 독특한 특징이 있다. 첫째, 보유 함정을 군함으로 부르지 않고 자위함으로 호칭한다는 점이다. 물론 명칭이 다르다고 군함과 자위함의 능력이나 성격이 다르지는 않다. 군함이라 부르고 싶지만 그럴 수 없는 현실 때문이다. 두 번째로 함명에 인물이 등장하지 않는다는 것이다. 대부분의 국가는 위대한 인물의 이름을 함명으로 명명하는 경우가 많다. 미국의 로널드 레이건 함USS Ronald Reagan(CVN-76)이나 우리나라의 충무공이순신함, 유관순함 등이 그렇다.

일본이 인명을 사용하지 않는 배경에는 메이지 일왕의 일화가 전해진다. 어느날 일왕이 함명에 관해 신하에게 질문했다. 신하가 외국에서는 위

최초의 여성 이름 함명, 유관순함 진수식 〈대한민국 해군〉

인의 이름을 함명으로 명명한다고 보고하자, 일왕은 이에 동의하지 않았다고 한다. 그래서 구 일본 해군 이래 현재 해상자위대에까지 인명을 사용하지 않고 있다. 메이지 일왕이 동의하지 않은 이유는 무엇이었을까?

가치관은 사람과 시대에 따라 다르고, 위인의 평가도 변한다. 그리고 침몰한다면 위인에 대한 실례이고 개인숭배가 될 수 있기 때문이라고 전해진다. 일부 일리 있는 측면도 있고, 함명을 명명하는 것까지도 문화에 따라 이렇게 다를 수 있다는 것이 재미있기도 하다.

여하튼 일본의 이런 전통으로 인명이 함명으로 사용되고 있지 않다. 그래서 일본의 해군 제독인 도고 헤이하치로와 야마모토 이소로쿠가 아무리 유명해도 그들의 이름 딴 함은 찾아볼 수 없는 것이다. 대신 일본 함정에는 유난히 자연현상과 지명地名을 따서 지은 함명이 많다.

참고로 대한민국 해군의 함명 명명 기준을 잠깐 살펴보자.

해상자위대 함정 명명 기준

함형	제정 기준	대상 함정
헬기 호위함(DDH)	지역명, 산악 명칭	이즈모함, 가가함(옛 일본의 율령국) *구 일본 해군의 전함의 명명 기준과 동일
미사일 호위함(DDG)	산악명, 기상	곤고함(나라현에 위치한 곤고산), 하타카제함(깃발바람), 시마카제함(섬바람)
범용 호위함(DD)	기상	무라사메함(소나기), 아사기리함(아침안개)
잠수함(SS)	바다기상, 수중동물	오야시오함(조류명), 소류함(동쪽 바다를 지키는 용)

대한민국 해군은 바다와 관련하여 국난극복에 크게 기여한 호국인물(장보고함, 이천함 등), 항일독립운동에 공헌하거나 광복 후 국가발전에 크게 기여하여 존경받는 이(손원일함, 안중근함 등), 영웅으로 추앙받는 역사적 인물(광개토대왕, 양만춘함 등), 해군 창설 이후 전투와 해전에서 희생정신을 발휘하여 귀감이 된 인물(윤영하함, 한상국함 등) 등을 함명으로 정하고 있다.

KEYWORD 28
관함식: 해군력 증강 필요성을 어필할 수 있는 해상자위대의 가장 큰 이벤트

관함식은 바다에서 거행하는 열병식으로, 1341년 영국과 프랑스 간에 벌어진 백년전쟁 중 영국 국왕 에드워드 3세$^{Edward\ III}$가 영국 함대의 전투태세를 검열한 데서 유래했다고 한다. 최근에는 외국 함정을 초청하여 국제 친선행사나 군사교류를 추진하고 국민의 해군에 대한 관심과 이해를 높이기 위해 실시한다. 우리 해군은 1998년, 2008년, 2015년 건국과 건군을 범국가적으로 경축하기 위해 개최한 바 있다.

일본의 경우, 관함식의 역사는 매우 길다. 영국 해군을 모방한 영향이 있을 것이다. 그 시작은 메이지 시대인 1868년에 메이지 일왕이 육상에서 검열을 실시한 것으로, 당시 검열받는 함정은 일본 해군 6척과 프랑스 해군 1척이었다고 한다. 제2차 세계대전 이전까지 관함식은 10여 차례 개최되었다.

현재 일본의 관함식은 우리나라의 국군의 날에 해당하는 자위대 창설 기념행사의 일환으로 3년마다 개최된다. 지난 2015년 10월 18일에는 일본의 대표적 군항인 요코스카에서 28회째 관함식을 실시했다. 필자는

일본 관함식에서 사열 기동 중인 해상자위대 호위함 〈일본 해상자위대 H/P〉

우리나라 대조영함에 편승하여 관함식에 참가했다. 관함식에서 해상자위대는 항모형 헬기 호위함(이즈모) 등 함정 42척, 항공기 61대 등 주요 전력을 총출동시켰다. 또한 지자체와 홍보활동을 강화하고 함정 공개 행사 장소를 요코스카 군항 외에 요코하마橫浜, 치바千葉의 민항으로 확대하는 등 일본 전역에서 관심을 불러일으켰다.

그 결과, 관함식 초청 인원이 1만 명임에도 불구하고 16만 명이라는 인원이 신청하여 관함식 열기는 한층 뜨거웠고 언론의 주목을 끌었다. 당일 관함식에는 새벽부터 남녀노소 구분 없이 참여했으며, 멀리서 여행 가방을 들고 찾아온 이들도 많이 보일 정도로 국민의 호응은 뜨거워 보였다. 아베 총리는 기함旗艦 구라마함에서 안보법제 통과의 당위성을 연설했으며, 관함식 후 미국 항공모함인 로널드 레이건 함으로 이동하여 미 최신예 전투기에 올라 기념촬영을 하는 등 미일동맹의 견고함을 과시했다.

정부 차원의 지원과 홍보, 각종 언론의 뜨거운 취재 열기 속에 치러진 관함식에서 아베 총리의 함상연설과 예정에 없던 미 항공모함 이동은 안보법제 통과 이후 일본 국민에게 자위대 역할 확대에 대한 인식을 개선시키고자 하는 의도가 드러나는 장면이었다.

일본은 다양한 방법으로 해군력에 대한 국민들의 관심과 지지를 얻으려고 하고 있다. 그중 관함식은 해군력 증강의 필요성을 어필할 수 있는 해상자위대의 가장 큰 이벤트다.

KEYWORD 29
해양사가 담긴 일본 해군 카레

카레 요리는 우리나라뿐만 아니라 세계 각국과 지방의 특색에 따라 대중화되어 전 세계인의 사랑을 받는 음식이다. 보통 카레는 인도에서 전래된 음식으로 인식되고 있다. 하지만 그 역사에 해양사海洋史가 담겨 있다는 사실을 얼마나 알고 있을까?

18세기 대항해 시대에는 언어, 음식, 과학기술의 교류가 활발했다. 그중 음식은 인간의 욕망과 직접적이기에 세계 각지로 퍼지면서 기호에 맞게 바뀌거나 새롭게 만들어지기도 했다. 대표적인 음식이 카레다.

카레는 인도에서 즐겨 먹던 커리curry에서 유래했다. 엄밀히 말하면, 커리는 인도 음식이고, 흔히 먹는 카레라이스는 일본인이 고안한 일본 음식이다. 카레는 '커리'의 일본식 발음이다. 그런데 카레라이스의 개발 주인공이 일본 해군이라는 사실을 알고 있는 사람은 많지 않을 것이다.

인도의 커리는 17세기 대영제국의 동인도주식회사 관료를 통해 영국에 전해진다. 세계화의 첫 발걸음인 셈이다. 영국에서 커리는 인기 요리가 되면서 대중화되었다. 영국 해군의 표준 식단에 커리가 포함되기도 했다. 그 무렵 일본은 영국으로부터 해군 군함과 제도, 시스템을 받아들였다. 또한 엘리트 해군 장교를 영국으로 유학을 보냈다. 러일전쟁 당시 일본 해군 제독 도고 헤이하치로도 1871년부터 1878년까지 영국에서 유학했다. 그러면서 자연스럽게 일본 유학 장교들을 통해 커리는 일본에 전해졌다.

그러던 중 의외의 일을 계기로 카레라이스가 일본 해군의 메뉴에 오르게 되었다. 1900년대 일본 해군 병사들은 각기병으로 몸살을 앓았다. 당시 일본 군대의 병사 계층의 메뉴는 장교의 메뉴와는 달리 밥, 간장, 단무지 정도였다고 한다. 지금에야 각기병이 비타민 B1의 부족으로 생기는 병이라는 것이 밝혀졌지만, 당시 초보적인 의학 기술로는 그 원인을 알아낼 수 없었다. 이 때 영국에서 유학하여 최초의 일본 해군 군의관이 된 다카키 가네히로高木兼寬[훗날 일본 해군 의무감(소장)으로 전역한다]는 영국의 식단을 참고하여 각기병을 퇴치하기 위해 다양한 식단을 적용하던 중 영국 해군의 비프스튜에 주목한다. 영국 해군은 비프스튜에 오래된 재료의 냄새를 없애기 위해 카레 가루를 넣고 끓이는 것이 유행이었다.

그러나 이를 맛본 일본 해군은 반감이 강했다. 그래서 양식처럼 고기를 일부 섞되 밥을 넣어 먹는 것으로 변화시켰다. 우여곡절 끝에 일본 해군 내에 만연한 각기병 해결책의 일환으로 카레라이스가 탄생하게 되었고, 『해군 조리법』이라는 책자까지 발간되어 본격적으로 카레라이스가 일본 해군의 메뉴로 도입되었다. 맛과 건강 면에서 카레라이스는 인기를 끌었고, 이후 각기병 환자까지 현저히 줄어드는 효과를 얻을 수 있었다. 심지어 토요일에는 카레를 먹는 풍습까지 생겼다. 이는 장기간 바다에서 항해하는 해군 승조원들이 요일 감각을 잃지 않도록 하기 위해서라고 전해진다. 이외에도 당시 해군은 토요일 점심 후에 외출을 나가는데, 조리원들의 식사 준비와 뒤처리 부담을 줄이기 위해 함정의 부함장副艦長이 제안했기 때문이라는 설도 있다.

그런데 일본군의 고질적인 문제였던 일본 육군과 해군의 자존심 싸움이 카레라이스 보급에서도 나타난다. 일본 해군이 카레라이스 보급으로 각기병을 퇴치했는데도 육군은 자존심을 내세워 도입하지 않았던 것이다. 당시 일본 육군의 군의총감은 끝까지 각기병의 원인을 세균이라고 우기면서 환자에게 정로환을 주었다고 한다. 결국 육군의 옹고집으로 각기병 환자에게 정로환이 처방되었고 수만 명의 병사가 사망하고 만다.

현재 해상자위대에서도 일본 해군 카레 전통은 이어지고 있다. 주 5일제 이후에는 매주 금요일 점심 메뉴가 카레라이스다(단, 육·공 자위대와 함께 근무하는 해상막료감부는 제외). 또한 각 부대, 함정마다 초콜릿이나 사과를 넣는 등 독특한 카레라이스를 뽐낸다. OO함의 OO카레가 맛있다는 풍문은 해상자위대원들에게 화젯거리라고 한다. 또한 해상자위대 입대 배경에는 해군 카레의 매력에 이끌렸다는 대원도 있고, 제대 후에 전문적인 해군카레점을 개업하는 이들도 있다고 한다. 2013년부터는 사세보, 요코스카 등 대표적인 군항도시와 공동주최로 '호위함 카레 넘버원 그랑프리'를 열고 있을 정도다. 군항도시 인근에는 전문적인 해군카레점이 성업 중이다.

지금은 영양분을 골고루 섭취할 수 있도록 식단이 잘 짜여져 있고, 식기세척기의 도입 등으로 조리원의 부담이 덜해 해군 카레의 의미가 예전 같지는 않다. 하지만 카레라이스는 해상자위대를 단합시키고 일본 해군을 계승하는 의미에서 하나의 문화로 발전하고 있다.

2015년 일본 해상자위대 관함식에 아베 총리가 승함한 구라마함의 오찬 메뉴는 카레라이스였다. 관함식 일자는 금요일이 아닌 일요일이었

비프스튜(왼쪽)와 일본 해군 카레라이스(오른쪽). 영국 해군은 비프스튜에 오래된 재료의 냄새를 없애기 위해 카레 가루를 넣고 끓이는 것이 유행이었다. 이에 착안하여 일본 해군은 해군 내에 만연한 각기병 해결책의 일환으로 카레라이스를 병사들에게 보급하게 되었다.

요코스카의 해군 카레 전문식당. 2013년부터 사세보, 요코스카 등 대표적인 군항도시와 공동주최

지만, 일본 해군의 향수를 자극하기 위한 메뉴 선정이 아니었나 싶다. 이 정도로 카레라이스는 단순한 음식을 넘어 일본 해상자위대만의 독특한 문화를 대표하는 음식으로 자리매김했다.

KEYWORD 30
해군 전통을 계승하는 5성(省), 3S 정신

해상자위대 장교를 양성하는 해상자위대 간부후보생학교(히로시마현広島縣 에타지마江田島에 위치)에는 옛 일본해군병학교(사관학교)의 전통적인 정신을 교육시키고 있다. 그중 두 가지를 소개하고자 한다. 이러한 정신은 해상자위대의 근본적인 정신으로 계승되어 강조해 교육되고 있다. 일본 해군의 정신이라 탐탁지 않은 생각도 들지만, 배울 점도 있는 게 사실이다.

1. 5가지 반성(五省)

> 진심에 반하는 것은 없었던가?
> 언행에 부끄러움은 없었던가?
> 기력이 부족하지는 않았는가?
> 노력이 부족하지는 않았는가?
> 게을러지지는 않았는가?

지금도 에타지마의 간부후보생학교의 생도들은 매일 밤 자습이 종료되기 전에 '5성誓'을 복창하고 있다.

2. 3S 정신: 변화무쌍한 바다에서 원활한 조치를 위한 정신

> Smart: 기민함
> Steady: 착실함
> Silent: 정숙함

이러한 정신은 해상자위대 간부에게 불가결한 자질로 생각되고 있으며 실습을 통해 체득시키고 있다고 한다.

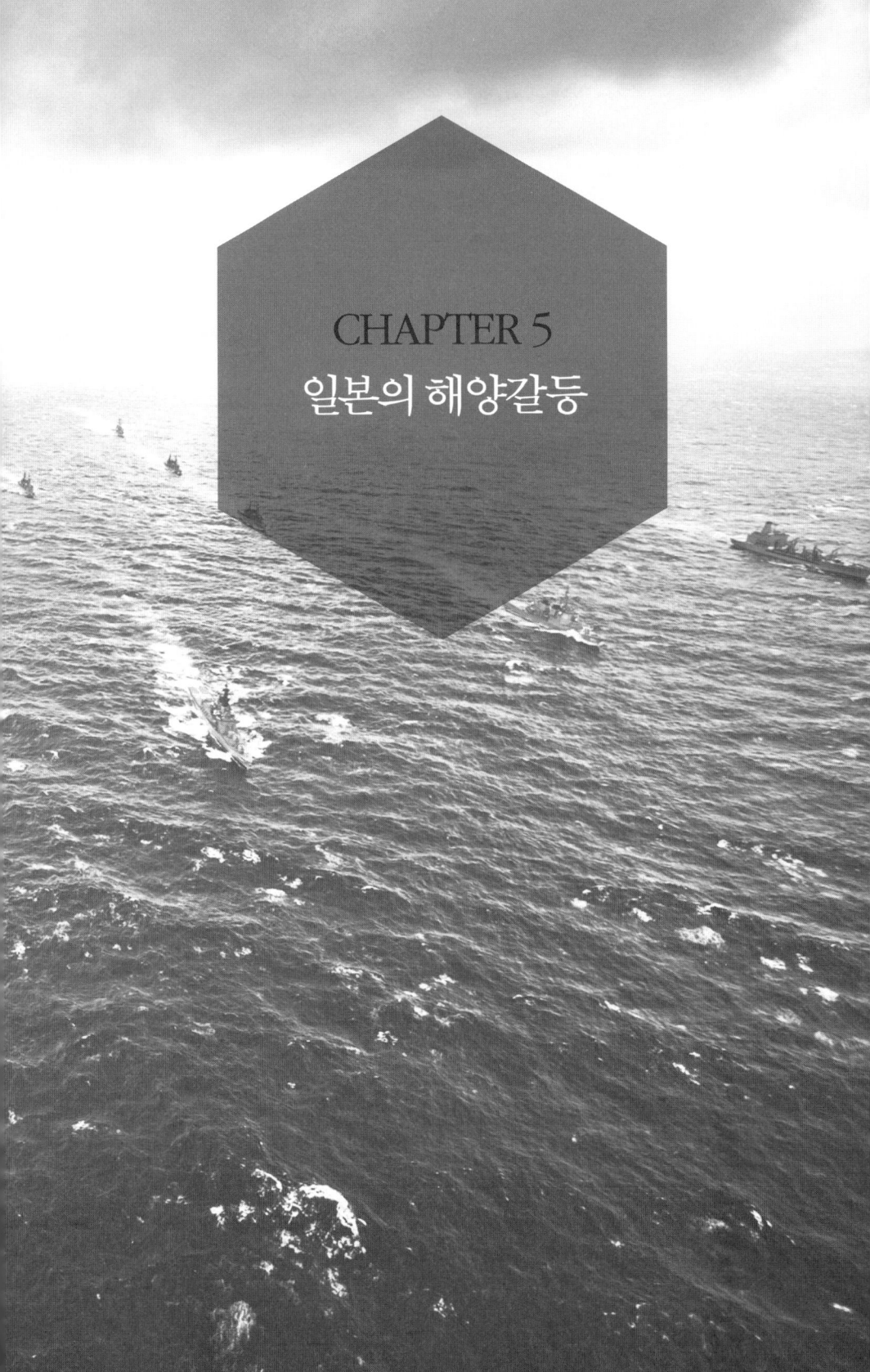

KEYWORD 31
중일 갈등의 최전선, 센카쿠 열도

 센카쿠 열도의 가장 큰 바위섬인 우오쓰리섬魚釣島(중국명 댜오이다이釣魚臺)을 일본 우익들이 점령한다. 이에 중국은 해군 함정을 파견해 일본 우익들을 체포한다. 이것은 미국 랜드연구소RAND Corporation가 센카쿠 열도에 전쟁이 발생한 경우를 가정한 시나리오의 첫 상황이다. 시뮬레이션 결과에 따르면, 일본 해상자위대는 큰 피해를 입고 미국은 일본의 군사적 지원 요청에도 중국과의 전면전을 우려해 일본에게 해상자위대를 철수시키도록 한다. 랜드연구소는 전술적으로는 중국이 승리자가 되고 센카쿠 열도를 차지하겠지만 엄청난 희생을 요구하는 승리가 될 것이라고 설명했다. 랜드연구소는 승자 없는 전쟁이라고 결론을 내렸다고 한다.
 센카쿠 열도는 치열한 국제정세 속에서 해양분쟁 지역으로, 미국 랜드연구소가 중일 해군력과 미국과의 협력관계를 고려하여 시뮬레이션을 할 정도로 분쟁의 가능성이 매우 높은 곳이다.
 동중국해 남서부에 위치한 센카쿠 열도는 5개의 무인도와 3개의 암초로 구성된 군도群島다. 일본이 실효 지배하고 있으나, 중국과 대만이 영유권을 주장하고 있다. 1969년 유엔 아시아·극동경제위원회가 이 일대의

석유매장 가능성을 확인한 시점부터 3국의 영유권 논쟁이 활발해지기 시작했다.

실제로 센카쿠 열도를 둘러싼 중일 간의 분쟁은 긴장상태가 지속되었으나, 무력행사까지 벌이지 않는 수준에서 유지되었다. 하지만 2010년 9월의 일본과 중국의 선박 충돌 사건은 새로운 전환점이 된다. 이 선박 충돌 사건의 경위는 다음과 같다. 일본 해상보안청의 순시선이 센카쿠 열도 근해에서 조업하던 중국 어선을 단속하던 중 중국 어선이 순시선을 들이받았다며 일본은 중국어선을 나포하고 중국 선장을 구속했다.

센카쿠 열도를 둘러싼 중일 간의 분쟁은 긴장상태가 지속되다가 2010년 9월 일본과 중국의 선박 충돌 사건을 전환점으로 국가적 위기 상황으로까지 치달았다. 중국이 일본에 희토류 수출금지 조치를 결정하여 일본 경제에 직격탄을 날리자, 결국 일본 정부는 경제적 타격을 우려해 중국인 선장을 석방하여 갈등은 일본의 '항복 선언'으로 일시적으로 봉합되었다. 〈맨 위 사진: CC BY-SA 2.0 / 아래 사진: Public Domain〉

이에 중국은 센카쿠 열도가 자국 영토인 만큼 정치·경제·외교적으로 일본에 전 방위적 압력을 가하며 중국 선장의 석방을 요구했다.

당시 필자는 일본에 유학 중이어서 중일의 동향을 직간접적으로 볼 수 있었는데, 지금도 기억에 강하게 남는 것은 일본의 전 매체가 이 사안을 1주일 넘게 특집 형식으로 다루며 국가적 위기 상황으로 받아들였다는 점이다. 일본 여론은 중국 선장의 석방은 있을 수 없다는 것이었으나, 중국은 일본에 첨단산업에 주로 쓰이는 희토류 수출금지 조치를 결정하여 일본 경제에 직격탄을 날렸다. 결국 일본 정부는 경제적 타격을 우려해 중국인 선장을 석방하여 갈등은 일본의 '항복 선언'으로 일시적으로 봉합되었다.

이 사건 이후 센카쿠 열도는 자원 확보를 위한 분쟁에 민족주의 감정이 개입되는 양상이 되어 양국 간의 힘의 대결을 초래하게 된다.

역사적으로 센카쿠 열도 분쟁의 씨앗은 1894년 청일전쟁으로 보기도 한다. 우리나라 아산만 풍도豊島 앞바다에서 일본 해군이 청나라 군함을 침몰시키면서 시작된 청일전쟁은 일본군의 일방적 승리로 끝났다. 일본은 청일전쟁의 승리로 시모노세키 조약을 맺고 대만을 식민지로 삼으면서 센카쿠 열도를 점유했다.

중국인에게 지금의 센카쿠 열도는 굴욕의 역사적 현장으로 인식되고 있다. 중국은 앞으로도 과거의 굴욕을 씻기 위해 일본에 대해 더욱 강경하게 나올 가능성이 크다. 중국은 더 이상 일본의 침략에 속수무책으로 당했던 과거의 청이 아니라는 것을 보여주기 위해서라도 이 분쟁에서 물러나지 않을 태세다.

이후 2012년에는 일본이 센카쿠 열도에 대한 국유화 조치에 대해 중국은 센카쿠 열도를 자국의 영해기선으로 선포하며 대응했다. 이후에도 센카쿠 열도를 둘러싼 일촉즉발의 위기상황이 수시로 벌어지고 있다.

일본은 정부의 지원에 힘입어 자위대 차원에서 발 빠르게 움직이고 있다. 센카쿠 열도를 가정한 도서방어 훈련 및 도서탈환 훈련을 실시하고 있으며 전략 구상, 전력 발전, 육·해·공 합동작전, 남서해역 중시의 부대 구조 개편 등을 추진하고 있다. 단순한 도서방위가 아닌 국토방위의 문제라는 이해와 공감을 국민으로부터 얻고 있다.

2016년 1월, 일본 정부가 중국 군함이 센카쿠 열도에 근접하면 강경하게 대응하기로 방침을 정했다는 보도가 있었다. 중국 군함이 센카쿠 열도를 기준으로 영해에 들어오면 해상자위대를 출동시키겠다는 계획이다. 또한 집단적 자위권의 발효로 미일상호방위조약에 의한 미국의 지원을 크게 기대할 수 있다.

향후 중국의 국력이 신장되고 일본의 군사강국화가 가속화될수록 군사적 충돌의 가능성이 더욱 커질 것이다. 우리는 중국과 일본의 센카쿠 열도에 대한 양국의 대응과 주장 논리는 물론 분쟁 동향을 주시해야 한다. 가장 큰 이유는 센카쿠 열도 분쟁 발생 시 중일 간의 문제만이 아닌 동아시아 질서 전체가 동요될 수 있기 때문이다. 또 주변국의 영유권 분쟁에 휘말릴 가능성에 대비해야 하기 때문이기도 하다. 여하튼 이를 빌미로 한 일본의 군사력 증강 동향을 남의 일처럼 바라볼 수만은 없다.

KEYWORD 32
쿠릴 열도, 패전 후 러시아 영토로

일본은 러시아가 자국의 영토로 점령하여 실효 지배 중인 북방 영토 반환을 요구하고 있다. 일본이 말하는 북방 영토란 일본과 러시아를 잇는 섬들로 홋카이도北海道 북방의 4개 섬을 말한다. 1945년 8월 14일, 일본이 포츠담 선언Potsdam Declaration을 수락한 후, 1945년 8월 28일부터 9월 5일까지 소련군은 북방 영토에 상륙하여 그곳을 점령했다. 그리고 현재까지 러시아가 실효적 지배를 계속하고 있다.

일본은 쿠릴 열도 4개 섬이 홋카이도에 부속된 일본의 고유 영토라고 주장하며 러시아에게 돌려줄 것을 줄기차게 요구하고 있다. 1960년대 이후부터 이 4개 섬을 북방 영토로 호칭하며 영유권을 주장하고 있다.

한편 제2차 세계대전 종전 무렵, 당시 소련은 얄타 회담Yalta Conference에서 소련의 참전을 유도하고자 한 미국으로부터 쿠릴 열도 할양을 약속받았다. 또한 북방 4개 섬은 러시아 쿠릴 열도의 부속 섬이므로 러시아의 고유 영토이며, 샌프란시스코 강화조약Treaty of San Francisco에서 일본이 쿠릴 열도 전체에 대한 일체의 권리를 포기했고, 에토로후토択捉島섬과 구나시리國後섬은 일본이 영유권을 포기한 쿠릴 열도에 포함된다는

것이 러시아의 입장이다.

쿠릴 열도 분쟁은 센카쿠 열도 분쟁과는 달리, 정치·외교적으로 문제를 해결해가는 양상이다. 실제로 1991년 고르바초프Mikhail Gorbachev 대통령과 1993년 옐친Boris Yeltsin 대통령의 일본 방문을 계기로 분쟁이 해결되는 분위기가 조성되기도 했다. 하지만 2000년 강한 러시아를 추구하는 푸틴Vladimir Putin 집권 후 러시아는 강경한 자세로 돌변했다. 2010년 11월 메드베데프Dmitry Medvedev 대통령이 러시아 고위급 인사로는 처음으로 구나시리섬과 에토로후토섬을 공식 방문하여 분쟁이 심화되기도 했다.

러시아가 태평양으로 진출하는 전략적 요충지이자 세계 4대 어장인 북서태평양 어장이 있는 쿠릴 열도를 쉽게 반환하지 않을 것으로 예상된다. 하지만 외교적 해결의 길을 닫아두지 않고 있다. 러시아의 푸틴 대통령은 쿠릴 열도 문제에 대해 언젠가는 타협점을 찾을 가능성이 있다고 말한 바 있다. 그럼에도 불구하고 러시아는 쿠릴 열도에 군사기지를 건설하고 해군기지 건설 가능성까지도 언급한 바 있다. 공교롭게도 일본이 센카쿠 열도 대비를 위해 동중국해 인근 오키나와현 요나구니지마与那国島에 육상자위대 주둔지를 설치하는 등 중국과의 분쟁에 집중할 때 러시아는 쿠릴 열도에 해군기지 건설 가능성을 언급하며 분쟁의 불씨를 지폈다.

격동의 동아시아 근대 역사와 복잡다변한 환경에서 양국은 실리와 대의명분을 얻기 위해 평화협상 등 외교적 교섭을 활발히 할 것으로 예상된다. 그래도 속이 타들어 가는 것은 일본이다. 그러나 센카쿠 열도 대비에 주력하고 있어서인지 지금의 일본은 북방 영토 문제에 있어서 힘에 부치고 있다.

그러나 아직도 뇌리에 생생히 박혀 있는 것이 있다. 일본 해상자위대 간부학교 유학 시절 홋카이도 연수 때의 일이다. 당시 말없이 물끄러미 북방 영토를 바라보던 일본 간부학교 학생장교들의 단호한 눈빛이 바로 그것이다.

부록 1
일본 방위정책의 기본이념

1. 전수방위專守防衛
- 상대로부터 무력공격을 받았을 때 비로소 방위력을 행사
- 방위력 행사 및 보유 규모도 자위를 위해 필요, 최소한으로 제한

2. 비군사대국화

자위를 위해 필요한 최소한도의 수준을 초과하여 타국에 위협을 가할 수 있는 강대한 군사력을 보유하지 않음

3. 비핵 3원칙(1968년 1월 27일 사토佐藤榮作 수상 시정연설 정식 표명)

핵무기의 보유, 제조, 반입을 불허不許

('원자력기본법'에 반영, NPT 제2조 비준)

4. 문민통제Civilian control의 확보
- 군사에 대한 정치 우선 또는 군사력에 대한 민주주의적 정치 통제
- 국방에 관한 사무는 내각의 행정권에 속하며, 내각을 구성하는 내각총리, 기타 국무상은 헌법상 문민이어야 함

부록 2
일본 자위대 병력 현황

구분	합계	통합막료감부 등	육상 자위대	해상 자위대	항공 자위대
정원	247,160	3,570	151,023	45,494	47,073
현 인원	22,742	3,266	138,168	43,099	43,099
충원율 (%)	91.7	91.5	91.5	91.6	91.6

〈출처 : 2016 일본방위백서〉

부록 3
방위장비이전 3원칙

2014년 4월 1일 국가안전보장회의 결정 및 각의 결정

정부는 지금까지 방위장비의 해외이전에 대해 1967년에 사토 총리(당시)의 국회 답변(이하 '무기수출 3원칙'이라 한다)과 1976년에 미키 내각(당시)의 정부 통일 견해에 따라 신중하게 대처하는 것을 기본으로 삼아왔다. 이러한 방침은 일본이 평화국가로서의 노선을 유지하는 가운데 일정한 역할을 수행해왔으나, 한편으로는 공산권 국가에 대한 무기 수출을 인정하지 않기로 하는 등 시대에 부합하지 않는 것이 되었다. 또한 무기수출 3원칙의 대상 지역 이외의 지역에 대해서도 무기 수출을 자제해온 결과, 실질적으로 모든 지역에 대한 무기 수출을 인정하지 않게 되어 정부는 지금까지 개별적인 필요성에 따라 예외화 조치를 거듭해왔다.

일본은 전후 일관된 자세로 평화국가 노선을 유지해왔다. 전수방위 기조를 철저히 준수하고 타국에 위협을 줄 수 있는 군사대국으로 발전하지 않으며 비핵 3원칙을 준수한다는 기본원칙을 견지해왔다. 한편 현재 일본을 둘러싼 안보환경이 보다 심각해지고 있다는 점과 일본이 복잡하고 중대한 국가안보상의 과제에 직면해 있다는 점을 감안하면, 국제협조주의의 관점에서도 보다 적극적인 대응이 불가결해지고 있다. 일본의 평화와 안전은 일본 단독으로 확보할 수 없으며, 국제사회 또한 일본이 국력에 어울리는 형태로 한층 더 적극적인 역할을 수행하기를 기대하고 있다. 이를 고려해 일본은 향후의 안보환경 하에서 평화국가로서의 노선을

지속적으로 견지하고 국제정치·경제의 주요 구성원으로서 국제 협조주의에 입각한 적극적 평화주의의 입장에서 일본의 안전과 아시아·태평양 지역의 평화 및 안정을 실현하며 국제사회의 평화와 안정 및 번영에 보다 적극적으로 기여해나가기로 했다.

이러한 일본이 표방하는 국가안보의 기본이념을 구체적인 정책으로 실현한다는 관점에서「국가안보전략에 대해」(2013년 12월 17일 국가안전보장회의 및 각의 결정)에 입각하여 방위장비의 해외이전에 관한 기존의 정부의 방침을 재차 검토하여 기존의 방침이 수행해온 역할을 충분히 유념하는 가운데 새로운 안보환경에 부합하도록 기존의 예외화 조치의 경위를 고려하고 포괄적으로 정리하여 명확한 원칙을 규정하기로 했다.

방위장비의 적절한 해외이전은 국제평화협력, 국제긴급원조, 인도지원, 국제테러 및 해적 문제에 대한 대처와 개발도상국의 능력 구축과 같은 평화에 대한 공헌 및 국제적인 협력(이하 '평화공헌 및 국제협력'이라 한다)의 기동적이고 효과적인 실시를 통한 국제적인 평화와 안전 유지의 적극적인 추진에 한층 더 기여하며, 또한 동맹국인 미국 및 여타 각국과 안보 및 방위 분야에서의 협력 강화에도 기여한다. 아울러 방위장비의 고성능화를 실현하면서 비용의 상승에 대응하기 위해 국제 공동개발 및 생산이 국제적인 주류가 되고 있는 점을 비추어볼 때, 방위장비의 적절한 해외이전은 일본의 방위생산 및 기술기반을 유지·강화하고 나아가 일본의 방위력 향상에 공헌하는 것이다.

한편 방위장비의 유통은 국제사회에 안보상, 사회상, 경제 및 인도상 큰 영향을 미침에 따라 각국 정부가 다양한 관점을 고려하는 가운데 책임 있는 형태로 방위장비의 이전을 관리할 필요성이 인식되고 있다.

이상의 사항을 고려해 일본은 유엔 헌장을 준수하는 평화국가로서의 기본이념과 기존의 평화국가로서의 노선을 지속적으로 견지하는 가운데 향후 다음의 3개 원칙에 입각하여 방위장비의 해외이전을 관리하기로 한다. 또한 무기제조 관련 설비의 해외이전에 대해서는 기존과 동일하게 방위장비에 준하여 취급하기로 했다.

1. 이전을 금지하는 경우의 명확화

아래에 해당될 경우에는 방위장비의 해외이전을 인정하지 않기로 한다.

① 해당 이전이 일본이 체결한 조약 및 기타 국제적 약속에 입각한 의무에 위반할 경우,
② 해당 이전이 유엔 안보리의 결의에 입각한 의무에 위반하는 경우 또는
③ 분쟁 당사국(무력공격이 발생하여 국제평화 및 안전을 유지 또는 회복하기 위해 유엔 안보리가 취하고 있는 조치의 대상국을 의미한다)으로 이전하는 경우

2. 이전을 인정할 수 있는 경우의 한정 및 엄격한 심사와 정보공개

상기 1 이외의 경우에는 이전을 인정할 수 있는 경우를 다음 경우로 한정하여 투명성을 확보하는 가운데 엄격한 심사를 실시한다. 구체적으로 방위장비의 해외이전은 평화공헌 및 국제협력의 적극적인 추진에 공헌하는 경우, 동맹국인 미국을 비롯하여 일본과 안보 부문에서 협력관계가 있는 각국(이하 '동맹국 등'이라 한다)과의 국제공동개발 및 생산의 실시, 동맹국 등과의 안보 및 방위 분야 협력의 강화, 장비의 유지를 포함한 자위대 활동, 재외국민의 안전 확보라는 관점에서 일본의 안보에 기여할

경우 등에만 인정할 수 있도록 하며, 목적지 및 최종 수요자의 적절성과 해당 장비의 이전이 일본의 안보에 미칠 우려의 정도를 엄격하게 심사하고 국제수출관리체제Multilateral export control regime, MECR의 가이드라인도 고려하며 수출 심사 시점에서 이용 가능한 정보에 입각하여 종합적으로 판단한다.

또한 일본 안보의 관점에서 특히 중요한 검토를 필요로 하는 중요한 안건은 국가안전보장회의에서 심의하기로 한다. 국가안전보장회의에서 심의된 안건에 대해서는 행정기관이 보유하는 정보공개에 관한 법률(1999년 법률 제42호)을 고려해 정부로서 정보의 공개를 도모하기로 한다.

3. 목적 외 사용 및 제3국 이전에 관한 적정관리의 확보

상기 2를 충족하는 방위장비의 해외이전은 적정관리가 확보되는 경우로 한정한다. 구체적으로는 원칙적으로 목적 외 사용 및 제3국 이전에 대한 일본의 사전 동의를 상대국 정부에 의무화하기로 한다. 단, 평화공헌 및 국제협력의 적극적인 추진을 위해 적절하다고 판단될 경우, 부품 등을 상호 융통하는 국제적인 체제에 참가할 경우, 부품 등을 라이센스 본국에 납입하는 경우 등에는 목적지의 관리체제를 확인한 이후 적정한 관리를 확보할 수 있도록 한다.

이상의 방침에 대한 운용지침은 국가안전보장회의에서 결정되었으며 그 결정에 따라 경제산업상은 외환 및 외국무역법(1949년 법률 제228호)의 운용을 적절하게 시행한다.

본 원칙에서 '방위장비'란 무기 및 무기기술을 의미한다. '무기'란 수출무역관리령(1949년 정령 378호) 별표 제1의 1항에 명시된 것 가운데 군대가 사용하는 것으로서 직접 전투 용도로 제공되는 것을 의미하며, '무기 기술'이란 무기의 설계, 제조 또는 사용에 관한 기술을 의미한다.

정부는 국제협조주의에 입각한 적극적 평화주의의 입장에서 국제사회의 평화와 안정을 위해 적극적으로 기여해나갈 방침이며, 방위장비 및 민감한 범용품과 범용기술의 관리 분야에 있어 무기무역조약의 조기발효 및 국제수출관리체제의 추가적인 강화를 위해 보다 적극적으로 임할 방침이다.

〈출처 : 2016 일본방위백서〉

부록 4
미일 방위협력지침 (2015년 4월 27일)

1. 방위협력과 지침의 목적

평시부터 긴급사태까지의 어떠한 상황에서도 일본의 평화와 안전을 확보하기 위해, 또한 아시아·태평양 지역과 이를 초월한 지역이 안정되고 평화롭게 번영할 수 있도록 미일 양국 간의 안보 및 방위협력은 다음 사항을 강조한다.

- 빈틈없고, 강력하고, 유연하고 실효적인 미일 공동 대응
- 미일 양국 정부의 국가안보정책 간 상승효과
- 정부가 일체가 되어 실시하는 동맹으로서의 활동
- 지역 및 여타 동반자와 더불어 국제기관과 협력
- 미일동맹의 범세계적인 성질

미일 양국 정부는 미일동맹을 지속적으로 강화한다. 각 정부는 각각의 국가안보정책에 입각하여 각자의 방위태세를 유지한다. 일본은 '국가안보전략' 및 '방위계획대강'에 입각하여 방위력을 보유·유지한다. 미국은 지속적으로 핵전력을 포함한 모든 종류의 능력을 통해 일본에 대해 확장 억제를 제공한다. 또한 미국은 지속적으로 아시아·태평양 지역에 즉응태세 전력을 전방 전개함과 동시에 이들 전력을 신속히 증강시키는 능력을 유지한다.

미일 방위협력지침(이하 '지침'이라 한다)은 양국 간의 안보 및 방위협력의 실효성을 향상시키기 위해 미일 양국의 역할 및 임무와 더불어 협력 및 조정 방식에 대한 일반적인 대강과 정책적인 방향성을 제시한다. 이에 따라 지침은 평화와 안전을 촉진하고 분쟁을 억제하며 경제적인 번영의 기반을 확실하게 하고 미일동맹의 중요성에 대한 국내외의 이해를 촉진한다.

2. 기본적인 전제와 개념

지침과 그 하에서의 행동 및 활동은 다음의 기본적인 전제와 개념에 따른다.

A. 미일 간의 상호협력, 안보조약(미일 안보조약), 관련 규정에 따른 권리 및 의무와 더불어 미일동맹 관계의 기본적인 틀은 변경되지 않는다.

B. 미국과 일본에 의해 지침 하에서 실시되는 모든 행동과 활동은 분쟁의 평화적인 해결, 국가의 주권 및 평등에 관한 사안, 여타 유엔 헌장의 규정 및 기타 관련된 국제적인 약속을 포함한 국제법에 합치한다.

C. 미국과 일본에 의해 실시되는 모든 행동과 활동은 각각의 헌법 및 그 시기에 따라 적용되는 국내 법령과 국가안보정책의 기본적인 방침에 따라 실시된다. 일본의 행동과 활동은 전수방위 및 비핵 3원칙 등 일본의 기본적인 방침에 따라 실시된다.

D. 지침은 각 정부에 대해 입법상, 예산상, 행정상 또는 기타 조치를 취하도록 의무를 부여하지 않으며, 또한 지침은 각 정부에 대해 법적 권리 또는 의무를 발생시키지 않는다. 그러나 미일 양국 간의 협력을 위한 실효적인 태세의 구축이 지침의 목표임에 따라 미일 양국 정부가 각각의 판단에 따라 이러한 노력의 결과를 각각의 구체적인 정책 및 조치에 적절한 형태로 반영할 것으로 기대된다.

3. 강화된 미일동맹 내의 조정

지침 하에서의 실효적인 양국 간 협력을 위해 평시부터 긴급사태까지 미일 양국 정부는 긴밀한 협의와 함께 정책 및 운용 면에서 정확한 조정을 실시할 필요가 있다.

양국 간의 안보 및 방위협력의 성공을 확실하게 하기 위해 미일 양국 정부는 충분한 정보를 획득하여 다양한 수준에서 조정의 시행이 필요하다. 이 목표를 위해 미일 양국 정부는 정보공유를 강화하고 빈틈없고 실효적인 모든 관계 기관을 포함한 정부 전체에 걸친 동맹 내부의 조정을 확보하기 위해 모든 경로를 활용한다. 이 목적을 위해 미일 양국 정부는 새롭게 평시부터 이용할 수 있는 동맹조정 메커니즘을 설치하여 운용 면의 조정과 공동계획의 책정을 강화한다.

A. 동맹조정 메커니즘

계속해서 발생하는 위협은 미일 양국의 평화와 안전에 대해 즉시 심각한 영향을 미칠 수 있다. 미일 양국 정부는 일본의 평화와 안전에 영향을 미치는 상황 및 기타 동맹으로서 대응을 필요로 할 가능성이 있는 모든 상황에 대해 빈틈없는 형태로 실효적으로 대처하기 위해 동맹조정 메커니즘을 활용한다. 이 메커니즘은 평시부터 긴급사태까지의 모든 단계에서 자위대와 미군에 의해 실시되는 활동에 관한 정책 ALV 운용 면의 조정을 강화한다. 또한 이 메커니즘은 적시의 정보공유 및 공통의 정세 인식 구축·유지에 기여한다. 미일 양국 정부는 실효적인 조정을 확보하기 위해 필요한 절차 및 기반(시설 및 정보통신 시스템을 포함한다)을 확립함과 동시에 정기적인 훈련 및 연습을 실시한다.

미일 양국 정부는 동맹조정 메커니즘에 있어 조정 절차 및 참가 기관의 상세 구성을 상황에 따라 정하기로 한다. 이 절차의 일환으로 평시부터 연락창구에 관한 정보를 공유 및 보유한다.

B. 강화된 운용 면의 조정

유연하고 즉응성 있는 지휘 및 통제를 위해 강화된 양국 간 운용 면의 조정은 미일 양국에 있어 결정적으로 중요한 핵심적인 능력이다. 이 문맥에서 미일 양국 정부는 자위대와 미군 간의 협력을 강화하기 위해 운용 면의 조정 기능이 함께 발휘되는 것이 지속적으로 중요함을 인식한다.

자위대와 미군은 긴밀한 정보공유를 확보하고 평시부터 긴급사태까지의 조정을 원활히 하며 국제적인 활동을 지원하기 위해 요원의 교환을 실시한다. 자위대와 미군은 긴밀하게 협력하고 조정하는 가운데 각각의 지휘계통을 통해 행동한다.

C. 공동계획의 책정

미일 양국 정부는 자위대와 미군에 의한 정합된 운용을 원활하고 실효적으로 실시하는 것을 확보하기 위해 지속적으로 공동계획을 책정 및 갱신한다. 미일 양국 정부는 계획의 실효성 및 유연하고 적시·적절한 대처 능력을 확보하기 위해 적절한 경우 운용 면 및 후방지원 면의 소요와 이를 충족시키는 방책을 미리 특정하는 것을 포함한 관련 정보를 교환한다.

미일 양국 정부는 평시에 일본의 평화와 안전에 관한 긴급사태에 대해 각 정부의 관계 기관을 포함한 개선된 공동계획 책정 메커니즘을 통해 공동계획의 책정을 실시한다. 공동계획은 적절한 경우에 관계 기관으로부터 정보를 획득하면서 책정된다. 미일 안보협의위원회는 지속적으로 방향성의 제시, 이 메커니즘 하에서의 계획 책정에 관한 진척의 확인 및 필요에 따른 지시의 하달에 대한 책임을 보유한다. 미일 안보협의위원회는 적절한 하부 조직에 의해 보좌된다.

공동계획은 미일 양국 정부 쌍방의 계획에 적절히 반영된다.

4. 일본의 평화와 안전의 빈틈없는 확보

지속되거나 발생하는 위협은 일본의 평화와 안전에 대해 즉시 심각한 영향을 미칠 수 있다. 이러한 복잡함이 증가하고 있는 안보환경에서 미일 양국 정부는 일본에 대한 무력공격을 동반하지 않을 경우의 상황을 포함해 평시부터 긴급사태까지의 어떤 단계에서도 빈틈없는 형태로 일본의 평화와 안전을 확보하기 위한 조치를 취한다. 이 문맥에서 미일 양국 정부는 동반자와의 추가적인 협력을 추진한다.

미일 양국 정부는 이들 조치가 각 상황에 따라 적시에 유연하고 실효적인 양국 간의 조정에 입각하여 취해질 필요가 있으며 동맹으로서 적절히 대응하기 위해서는 관계 부처 간의 조정이 불가결함을 인식한다. 이에 따라 미일 양국 정부는 적절한 경우에 다음의 목적을 위해 정부 전체에 걸친 동맹조정 메커니즘을 활용한다.

- 상황 평가
- 정보의 공유
- 유연하게 선택되는 억제조치 및 사태의 완화를 목적으로 한 행동을 포함하는 동맹으로서의 적절한 대응을 실시하기 위한 방법의 입안

또한 미일 양국 정부는 이들 양국 간의 활동을 지탱하기 위해, 일본의 평화와 안전에 영향을 미칠 가능성이 있는 사항에 관해 적절한 경로를 통한 전략적인 홍보를 조정한다.

A. 평시부터의 협력 조치

미일 양국 정부는 일본의 평화와 안전의 유지를 확보하기 위해 미일동맹의 억제력 및 능력을 강화하기 위한, 외교 노력에 의한 것을 포함한 다양한 분야에 걸친 협력을 추진한다.

자위대와 미군은 모든 가능한 상황에 대비하기 위해 상호운용성, 즉응성 및 경계태세를 강화한다. 이를 위해 미일 양국 정부는 사안을 포함하나 이에 한정되지 않는 조치를 취한다.

① 정보수집, 경계감시 및 정찰

미일 양국 정부는 일본의 평화와 안전에 대한 위협의 모든 징후를 최대한 조기에 특정하고 정보수집 및 분석에 있어 결정적인 우위를 확보하기 위해 공통의 정세 인식을 구축하고 유지하는 가운데 정보를 공유 및 보호한다. 이는 관계 기관 간의 조정 및 협력의 강화를 포함한다.
자위대와 미군은 각 자산의 능력 및 이용 가능성에 따라 정보수집, 경계감시 및 정찰ISR 활동을 실시한다. 이는 일본의 평화와 안전에 영향을 미칠 수 있는 상황의 추이를 상시 지속적으로 감시하는 것을 확보하기 위해 상호 지원하는 형태로 공동 ISR 활동을 실시하는 사항을 포함한다.

② 방공 및 미사일방어

자위대와 미군은 탄도미사일의 발사와 공중의 침입에 대한 억제 및 방위태세를 유지·강화한다. 미일 양국 정부는 조기경계 능력, 상호운용성 및 네트워크화를 통한 감시 범위 및 실시간의 정보 교환을 확대하기 위해, 그리고 탄도미사일 대처 능력의 종합적인 향상을 도모하기 위해 협력한다. 나아가 미일 양국 정부는 지속적으로 도발적인 미사일 발사와 기타 항공활동에 대처함에 있어 긴밀하게 조정한다.

③ 해양안보

미일 양국 정부는 항행의 자유를 포함하는 국제법에 입각한 해양질서를 유지하기 위한 조치에 관해 긴밀하게 상호 협력한다. 자위대와 미군은 필요에 따라 관계 기관의 조정에 의한 사항을 포함하여 해양감시정보의 공유를 더욱 구축·강화하는 가운데 적절한 경우에 ISR 및 훈련·연습을 통한 해양에서의 미일 양국의 영향력presence 유지 및 강화 등 다양한 활동에서 협력한다.

④ 전력 등asset의 방호

자위대와 미군은 훈련·연습 중을 포함해 연대하여 일본의 방위에 기여하는 활동에 현재 종사하고 있으며, 적절한 경우에는 각각의 전력 등을 상호 방호한다.

⑤ 훈련 및 연습

자위대와 미군은 상호운용성, 지속성 및 즉응성을 강화하기 위해 일본 국내외 쌍방에서 실효적인 2개국 및 다국 간 훈련·연습을 실시한다. 적시에 실시되는 실천적인 훈련·연습은 억제를 강화한다. 미일 양국 정부는 이들 활동을 지원하기 위해 훈련장과 시설 및 관련 장비가 이용 가능하고 접근 가능하며 현대적인 것을 확보할 수 있도록 협력한다.

⑥ 후방지원

미국과 일본은 어떤 단계에서도 각각 자위대와 미군에 대한 후방지원을 주체적으로 실시한다. 자위대와 미군은 일본 자위대와 미국 군대 간의 후방지원, 물품 또는 역무의 상호 제공에 관한 미일 양국 간 협정(미일 물

품역무상호제공협정, ACSA) 및 관련 규약이 규정하는 활동에 대해 적절한 경우 보급, 정비, 수송, 시설 및 의료(위생)를 포함하나, 이에 한정되지 않는 후방지원을 상호 실시한다.

⑦ 시설의 사용

미일 양국 정부는 자위대와 미군의 상호운용성을 확대하고 유연성 및 작전지속 능력을 향상시키기 위해 시설 및 구역의 공동사용을 강화하고 시설 및 구역의 안전을 확보하기 위해 협력한다. 또한 미일 양국 정부는 긴급사태에 대비하는 것의 중요성을 인식하고 적절한 경우 민간공항 및 항만을 포함한 시설의 현지조사를 실시하는 과정에서 협력한다.

B. 일본의 평화와 안전에 대해 발생하는 위협에 대한 대처

미일동맹은 일본의 평화와 안전에 중요한 영향을 미치는 사태에 대처한다. 해당 사태를 지리적으로 규정할 수는 없다. 이 절에 제시되는 조치는 해당 사태에 아직 이르지 않은 상황에서 미일 양국 각각의 국내 법령에 따라 취해질 수 있는 것을 포함한다. 조기의 상황 파악 및 양국 간의 행동에 관한 상황에 부합되는 단호한 의사결정은 해당 사태의 억제 및 완화에 기여한다.

미일 양국 정부는 일본의 평화와 안전을 확보하기 위해 평시부터 협력적 조치를 지속함에 더해 외교적인 노력을 포함한 모든 수단을 추구한다. 미일 양국 정부는 동맹조정 메커니즘을 활용하는 가운데 각각의 결정에 따라 다음에 열거되는 것을 포함하나 이에 한정되지 않는 추가적

인 조치를 취한다.

① 비전투원을 대피시키기 위한 활동

일본 국민 혹은 미국 국민인 비전투원을 제3국으로부터 안전한 지역으로 대피시킬 필요가 있을 경우, 각 정부는 자국민의 대피 및 현지 당국과의 관계에 대한 책임을 갖는다. 미일 양국 정부는 적절한 경우에 일본 국민 또는 미국 국민인 비전투원의 대피를 계획하는 과정에서 조정하며 해당 비전투원의 대피를 실시하는 과정에서 협력한다. 이들 대피활동은 수송수단, 시설 등 각국의 능력을 상호보완적으로 사용하며 실시된다. 미일 양국 정부는 각각 제3국의 비전투원에 대해 대피에 관한 지원의 실시 여부를 검토할 수 있다.

미일 양국 정부는 대피자의 안전, 수송수단 및 시설, 통관, 출입국 관리 및 검역, 안전한 지역, 의료(위생) 등의 분야에서 협력을 실시하기 위해 적절한 경우에 동맹조정 메커니즘을 통해 초기 단계부터 조정을 실시한다. 미일 양국 정부는 적절한 경우에 훈련 및 연습의 실시에 따른 사항을 포함해 비전투원을 대피시키기 위한 활동에서 조정을 평시부터 강화한다.

② 해양안보

미일 양국 정부는 각각의 능력을 고려하는 가운데 해양안보를 강화하기 위해 긴밀하게 협력한다. 협력적 조치에는 정보공유, 유엔 안보리 결의 및 기타 국제법상의 근거에 입각한 선박 검사가 포함되나 이에 한정되지 않는다.

③ 피난민에 대응하기 위한 조직

미일 양국 정부는 일본으로의 피난민 유입이 발생할 우려가 있거나 실제로 개시될 상황에 이르렀을 경우 국제법상의 관계된 의무에 따른 인도적인 방법으로 피난민을 취급하는 가운데 일본의 평화와 안전을 유지하기 위해 협력한다. 해당 피난민에 대한 대응은 일본이 주체적으로 실시한다. 미국은 일본으로부터의 요청에 입각하여 적절한 지원을 실시한다.

④ 수색 및 구난

미일 양국 정부는 적절한 경우에 수색 및 구조활동에서 협력하며 상호 지원한다. 자위대는 일본의 국내 법령에 따라 적절한 경우에 관계 기관과 협력하는 가운데 미국의 전투수색 및 구난활동에 대한 지원을 실시한다.

⑤ 시설 및 구역의 경호

자위대와 미군은 각각의 시설·구역을 관계 당국과 협력하여 경호할 책임을 갖는다. 일본은 미국으로부터의 요청에 입각하여 미군과 긴밀히 협력 및 조정하면서 일본 국내의 시설·구역에 대한 추가적인 경호를 실시한다.

⑥ 후방지원

미일 양국 정부는 실효적이고 효율적으로 활동할 수 있도록 적절한 경우에 상호 후방지원[보급, 정비, 수송, 시설 및 의료(위생)을 포함하나 이에 한정되지 않는다]을 강화한다. 이것들에는 운용 및 후방지원 면에서 소요의 신속한 확인과 이를 충족시킬 방책의 실시를 포함한다. 정부는 중앙정부 및 지방자치단체의 기관이 보유하는 권한 및 능력과 민간이 보유하는 능력을 적절하게 활용한다. 일본 정부는 자국의 국내 법령에 따라 적절한 경우 후방지원 및 관련 지원을 실시한다.

⑦ 시설의 이용

일본 정부는 미일 안보조약 및 관련 규약에 따라 필요할 경우 민간 공항 및 항만을 포함하는 시설을 일시적으로 사용할 수 있도록 제공한다. 미일 양국 정부는 시설과 구역을 공동으로 사용하기 위한 협력을 강화한다.

C. 일본을 대상으로 하는 무력공격에 대한 대처행동

일본을 대상으로 하는 무력공격에 대한 공동대처행동은 지속적으로 미일 간 안보 및 방위협력의 핵심적 요소다.
일본을 대상으로 하는 무력공격이 예측될 경우 미일 양국 정부는 일본의 방위를 위해 필요한 준비를 실시하는 가운데 무력공격을 억제하고 사태를 완화하기 위한 조치를 취한다.

① 일본을 대상으로 하는 무력공격이 예측될 경우

일본을 대상으로 하는 무력공격이 예측될 경우 미일 양국 정부는 공격을 억제하고 사태를 완화시키기 위해 포괄적이고 강고한 정부 일체로서의 대응을 통해 정보공유 및 정책 면의 협의를 강화하고 외교적인 노력을 포함한 모든 수단을 추구한다.

자위대와 미군은 필요한 부대 전개의 실시를 포함해 공동작전을 위한 적절한 태세를 취한다. 일본은 미군의 부대 전개를 지원하기 위한 기반을 확립하고 유지한다. 미일 양국 정부에 의한 준비에는 시설 및 구역의 공동사용, 보급, 정비, 수송, 시설과 의료(위생)을 포함하나, 이에 한정되지 않는 상호 후방지원과 일본 국내의 미국 시설·구역에 대한 경호의 강화를 포함할 수 있다.

② 일본을 대상으로 하는 무력공격이 발생할 경우

a. 정합된 대처행동을 위한 기본적인 개념

외교적인 노력 및 억제에도 불구하고 일본을 대상으로 하는 무력공격이 발생할 경우 미일 양국은 신속히 무력공격을 배제하고 추가적인 공격을 억제하기 위해 협력하여 일본의 평화와 안전을 회복한다. 해당 정합된 행동은 이 지역의 평화와 안전의 회복에 기여한다.

일본은 일본 국민과 영역의 방위를 지속적이고 주체적으로 실시하며, 일본에 대한 무력공격을 최대한 조기에 배제하기 위해 즉시 행동한다. 자위대는 일본 및 그 주변의 해·공역과 함께 해·공역의 접근경로에서의 방어작전을 주체적으로 실시한다. 미국은 일본과 긴밀하게 조정하여 적절한 지원을 실시한다. 미군은 일본을 방위하기 위해 자위대를 지원하고 보완한다. 미국은 일본의 방위를 지원하고 평화와 안전을 회복시킬 수 있는 방법으로 이 지역의 환경을 형성하기 위한 행동을 취한다.

미일 양국 정부는 일본을 방위하기 위해 국력의 모든 수단이 필요해질 것임을 인식하고 동맹조정 메커니즘을 통해 행동을 조정하기 위해 각각의 지휘계통을 활용하는 가운데 각각 정부 일체로서의 대응을 추진한다. 미국은 일본에 주둔하는 병력을 포함한 전방전개 병력을 운용하며, 소요에 따라 기타 모든 지역으로부터의 증원 병력을 투입한다. 일본은 이들 부대의 전개를 원활히 하기 위해 필요한 기반을 확립 및 유지한다.

미일 양국 정부는 일본을 대상으로 하는 무력공격에 대처하는 과정에서 각각 미군 또는 자위대 및 그 시설을 방호하기 위한 적절한 행동을 취한다.

b. 작전구상

ⅰ. 공역을 방위하기 위한 작전

자위대와 미군은 일본의 상공과 주변 공역을 방위하기 위해 공동작전을 실시한다.

자위대는 항공우세를 확보하는 가운데 방공작전을 주체적으로 실시한다. 이를 위해 자위대는 항공기와 순항미사일에 의한 공격에 대한 방위를 포함하나 이에 한정되지 않는 필요한 행동을 취한다.

미군은 자위대의 작전을 지원하고 보완하기 위한 작전을 실시한다.

ii. 탄도미사일 공격에 대처하기 위한 작전

자위대와 미군은 일본을 대상으로 하는 탄도미사일 공격에 대처하기 위해 공동작전을 실시한다.

자위대와 미군은 탄도미사일의 발사를 조기에 탐지하기 위해 실시간으로 정보교환을 실시한다. 탄도미사일 공격의 징후가 있을 경우 자위대와 미군은 일본을 향한 탄도미사일 공격을 방어하고 탄도미사일 방어 작전에 종사하는 부대를 방호하기 위한 실효적인 태세를 유지한다.

자위대는 일본을 방위하기 위해 탄도미사일 방어작전을 주체적으로 실시한다.

미군은 자위대의 작전을 지원하고 보완하기 위한 작전을 실시한다.

iii. 해역을 방위하기 위한 작전

자위대와 미군은 일본의 주변 해역을 방위하고 해상교통의 안전을 확보하기 위해 공동작전을 실시한다.

자위대는 일본에 있어 주요한 항만과 해협의 방비, 일본 주변 해역에서 함선의 방호와 기타 관련된 작전을 주체적으로 실시한다. 이를 위해 자위대는 연안방위, 대수상전, 대잠전, 기뢰전, 대공전 및 항공저지를 포함하나 이에 한정되지 않는 필요한 행동을 취한다.

미군은 자위대의 작전을 지원하고 보완하기 위한 작전을 실시한다.

자위대와 미군은 해당 무력공격에 관여하고 있는 적에 대한 지원을 실시하는 선박활동을 저지하기 위해 협력한다.

이러한 활동의 실효성은 관계 기관 간의 정보공유 및 기타 형태의 협력을 통해 강화된다.

iv. 육상공격에 대처하기 위한 작전

자위대와 미군은 일본을 대상으로 하는 육상공격에 대처하기 위해 육·해·공 자위대 혹은 수륙양용부대를 이용하여 공동작전을 실시한다.
자위대는 도서를 포함한 육상공격을 저지하고 배제하기 위한 작전을 주체적으로 실시한다. 상황이 발생할 경우 자위대는 도서를 탈환하기 위한 작전을 실시한다. 이를 위해 자위대는 착·상륙 침공을 저지하고 배제하기 위한 작전, 수륙양용작전 및 신속한 부대 전개를 포함하나 이에 한정되지 않는 필요한 행동을 취한다.
또한 자위대는 관계 기관과 협력하는 가운데 잠입을 동시에 동반하는 사항을 포함한 일본에서의 특수작전부대에 의한 공격 등의 비정규형 공격을 주체적으로 격파한다.
미군은 자위대의 작전을 지원하고 보완하기 위한 작전을 실시한다.

v. 영역 횡단적인 작전

자위대와 미군은 일본에 대한 무력공격을 배제하고 추가적인 공격을 억제하기 위해 영역 횡단적인 공동작전을 실시한다. 이들 작전은 다수의 영역을 횡단하여 동시에 효과를 달성하는 것을 목적으로 삼는다.
영역 횡단적인 협력의 사례에는 다음에 제시되는 행동이 포함된다.
자위대와 미군은 적절한 경우 관계 기관과 협력하는 가운데 각각의 ISR 태세를 강화하고 정보공유를 촉진하며 각각의 ISR 자산을 방호한다.

미군은 자위대를 지원하고 보완하기 위해 타격력의 사용을 동반한 작전을 실시할 수 있다. 미군이 이와 같은 작전을 실시할 경우 자위대는 필요에 따라 지원을 실시할 수 있다. 이들 작전은 적절한 경우에 긴밀한 양국 간 조정에 입각하여 실시된다.

미일 양국 정부는 제4장에 제시된 양국 간 협력에 따라 우주 및 사이버 공간에서의 위협에 대처하기 위해 협력한다.

자위대와 미군의 특수작전부대는 작전을 실시하는 가운데 적절하게 협력한다.

c. 작전지원활동

미일 양국 정부는 공동작전을 지원하기 위해 다음 활동에서 협력한다.

ⅰ. 통신전자활동

미일 양국 정부는 적절한 경우에 전자통신 능력의 효과적인 활용을 확보하기 위해 상호 지원한다.

자위대와 미군은 공통의 상황 인식 하에서 공동작전을 위해 자위대와 미군 간의 효과적인 통신을 확보하고 공통작전상황도를 유지한다.

ⅱ. 수색 및 구난

자위대와 미군은 적절한 경우에 관계 기관과 협력하는 가운데 전투수색 및 구난활동을 포함한 수색 및 구조활동에서 협력하고 상호 지원한다.

iii. 후방지원

작전상 각각의 후방지원 능력을 보완할 필요가 있을 경우 자위대와 미군은 각각의 능력 및 이용 가능성에 입각하여 적시에 유연한 후방지원을 상호 실시한다.
미일 양국 정부는 지원을 실시하기 위해 중앙정부 및 지방자치단체의 기관이 보유하는 권한 및 능력과 함께 민간이 보유하는 능력을 적절히 활용한다.

iv. 시설의 사용

일본 정부는 필요에 따라 미일 안보조약 및 관련 규약에 따라 시설의 추가 제공을 실시한다. 미일 양국 정부는 시설 및 구역의 공동 사용을 위한 협력을 강화한다.

v. CBRN(화학, 생물, 방사선 및 핵) 방호

정부는 일본 국내에서의 CBRN 사안 및 공격에 지속해서 주체적으로 대처한다. 미국은 일본에서 미군의 임무수행 능력을 주체적으로 유지하고 회복한다. 미국은 일본으로부터의 요청에 입각하여 일본의 방호를 확실히 하기 위해 CBRN 사안 및 공격의 예방과 함께 대처 관련 활동에서 적절히 일본을 지원한다.

D. 일본 이외의 국가를 대상으로 하는 무력공격에 대한 대처활동

미일 양국이 각각 미국 또는 제3국에 대한 무력공격에 대처하기 위해 주권의 충분한 존중을 포함하는 국제법과 각각의 헌법 및 국내법에 따라 무력의 행사를 동반하는 행동을 취하기로 결정하는 상황으로서 일본이 무력공격을 아직 받지 않고 있을 경우 미일 양국은 해당 무력공격에 대한 대처 및 추가적인 공격의 억제에 있어 긴밀하게 협력한다. 공동대처는 정부 전체에 걸친 동맹조정 메커니즘을 통해 조정된다.
미일 양국은 해당 무력공격에 대한 대처행동을 취하고 있는 타국과 적절하게 협력한다.
자위대는 일본과 밀접한 관계인 타국을 대상으로 하는 무력공격이 발생하여 이로 인해 일본의 존립이 위협받으며 국민의 생명, 자유 및 행복추구권이 근본적으로 전복될 명백한 위험이 있는 사태에 대처하여 일본의 존립을 보전하고 일본 국민을 수호하기 위해 무력 행사를 동반하는 적절한 작전을 실시한다.
협력해서 수행하는 작전의 사례는 다음에 제시되는 개요와 같다.

① 전력의 방호

자위대와 미군은 적절한 경우 전력의 방호에 있어 협력한다. 해당 협력에는 비전투원의 대피를 위한 활동 또는 탄도미사일 방어 등의 작전에 종사하고 있는 장비 등의 방어가 포함되나, 이에 한정되지 않는다.

② 수색 및 구난

자위대와 미군은 적절한 경우에 관계 기관과 협력하면서 전투수색 및 구난활동을 포함하는 수색 및 구조활동에서 협력 및 지원한다.

③ 해상작전

자위대와 미군은 적절한 경우에 해상교통의 안전 확보를 목적으로 하는 사항을 포함한 기뢰소해를 실시하는 과정에서 협력한다.
자위대와 미군은 적절한 경우에 관계 기관과 협력하는 가운데 함선을 방호하기 위한 호위작전에서 협력한다.
자위대와 미군은 적절한 경우에 관계 기관과 협력하는 가운데 해당 무력공격에 관여하고 있는 적에 대한 지원을 실시하는 선박활동을 저지하는 과정에서 협력한다.

④ 탄도미사일 공격에 대처하기 위한 작전

자위대와 미군은 각각의 능력에 입각하여 적절한 경우에 탄도미사일을 요격함에 있어 협력한다. 미일 양국 정부는 탄도미사일 발사의 조기 탐지를 확실하게 실시하기 위해 정보교환을 실시한다.

⑤ 후방지원

작전상 각각의 후방지원 능력을 보완할 필요가 있을 경우 자위대와 미군은 각각의 능력 및 이용 가능성에 입각하여 적시에 유연하게 후방지원을 상호 실시한다.

미일 양국 정부는 지원을 실시하기 위해 중앙정부 및 지방자치단체의 기관이 보유하는 권한 및 능력과 함께 민간이 보유하는 능력을 적절히 활용한다.

E. 일본에서의 대규모 재해에 대한 대처를 위한 협력

일본에서 대규모 재해가 발생할 경우 일본은 주체적으로 해당 재해에 대처한다. 자위대는 관계 기관, 지방자치단체 및 민간주체와 협력하면서 재해구원활동을 실시한다. 일본에 있어 대규모 재해로부터의 신속한 복구가 일본의 평화와 안전의 확보에 불가결하며 해당 재해가 일본에서의 미군 활동에 영향을 미칠 가능성이 있음을 인식하여 미국은 자국의 기준에 따라 일본의 활동에 대한 적절한 지원을 실시한다. 해당 지원에는 수색 및 구난, 수송, 보급, 의료(위생), 상황파악 및 평가와 함께 기타 전문적인 능력이 포함될 수 있다. 미일 양국 정부는 적절한 경우 동맹조정 메커니즘을 통해 활동을 조정한다.

미일 양국 정부는 일본에서의 인도지원 및 재해구원활동을 실시할 경우 미군에 의한 협력의 실효성을 향상시키기 위해 정보공유를 포함하여 긴밀하게 협력한다. 나아가 미군은 재해 관련 훈련에 참가할 수 있으며, 이를 통해 대규모 재해에 대처함에 있어서 상호 이해가 심화된다.

5. 지역과 범세계적인 평화 및 안전을 위한 협력

상호 관계를 심화하고 있는 세계에서 미일 양국은 아시아·태평양 지역 및 이를 초월한 지역의 평화, 안전, 안정 및 경제적인 번영 기반을 제공하기 위해 동반자와 협력하는 가운데 주도적인 역할을 수행한다. 반세기를 훨씬 초과하는 기간 동안 미일 양국은 세계의 다양한 지역의 과제에 대한 실효적인 해결책을 실행하기 위해 협력해왔다.

미일 양국 정부가 각각 아시아·태평양 지역 및 이를 초월한 지역의 평화와 안전을 위한 국제적인 활동에 대한 참가 여부를 결정할 경우, 자위대와 미군을 포함한 미일 양국 정부는 적절한 경우에 다음에 제시하는 활동 등에서 상호 및 동반자와 긴밀히 협력한다. 또한 이 협력은 미일 양국의 평화와 안전에 기여한다.

A. 국제적인 활동에서의 협력

미일 양국 정부는 각각의 판단에 입각하여 국제적인 활동에 참가한다. 공동으로 활동을 실시할 경우 자위대와 미군은 실행할 수 있는 한도 내에서 최대한 협력한다.

미일 양국 정부는 적절한 경우에 동맹조정 메커니즘을 통해 해당 활동의 조정을 실시할 수 있으며, 또한 이들 활동에서 3개국 및 다국 간 협력을 추구한다. 자위대와 미군은 원활하고 실효적인 협력을 위해 적절한 경우 절차 및 모범 사례best practice를 공유한다. 미일 양국 정부는 지속적으로 이 지침에 반드시 명시적으로 포함되지 않는 광범위한 사항에서 협력하는 한편, 지역적·국제적인 활동에서의 미일 양국 정부에 의한 일반적인 협력 분야는 다음 사항을 포함한다.

① 평화유지활동

미일 양국 정부가 유엔 헌장에 따라 유엔으로부터 권한을 부여받은 평화유지활동에 참가할 경우, 미일 양국 정부는 적절한 경우 자위대와 미군 간의 상호운용성을 최대한으로 활용하기 위해 긴밀히 협력한다. 또한 미일 양국 정부는 적절한 경우에 동일한 임무에 종사하는 유엔 및 기타 요원에 대한 후방지원의 제공 및 보호를 위해 협력할 수 있다.

② 국제적인 인도지원 및 재해구원

미일 양국 정부가 대규모 인도재해人道災害 및 자연재해가 발생한 관계국 정부 또는 국제기관으로부터의 요청에 응해 국제적인 인도지원 및 재해구원활동을 실시할 경우 미일 양국 정부는 적절한 경우에 참가하는 자위대와 미군 간의 상호운용성을 최대한 활용하는 가운데 상호 지원을 실시하기 위해 긴밀하게 협력한다. 협력해서 실시하는 활동의 사례로는 상호 후방지원, 운용 면의 조정, 계획의 책정 및 실시가 포함될 수 있다.

③ 해양안보

미일 양국 정부가 해양안보를 위한 활동을 실시할 경우 미일 양국 정부는 적절한 경우에 긴밀하게 협력한다. 협력하여 실시하는 활동의 사례로는 해적대처 및 기뢰소해 등 안전한 해상교통을 위한 활동, 대량파괴무기의 비확산을 위한 활동, 테러대책활동을 위한 조치가 포함될 수 있다.

④ 동반자의 능력구축지원

동반자와의 적극적인 협력은 지역 및 국제적인 평화와 안전의 유지·강화에 기여한다. 변화하는 안보상의 과제에 대처하기 위한 동반자의 능력을 강화할 목적으로 미일 양국 정부는 적절한 경우에 각각의 능력 및 경험을 최대한 활용하여 능력구축지원활동에서 협력한다. 협력해서 실시하는 활동의 사례로는 해양안보, 방위의학, 방위조직의 구축, 인도지원 및 재해구원 또는 평화유지활동을 위한 부대의 즉응성 향상이 포함될 수 있다.

⑤ 비전투원을 대피시키기 위한 활동

비전투원의 대피를 위해 국제적인 행동이 필요하게 되는 상황에서 미일 양국 정부는 적절한 경우에 일본 국민 및 미국 국민을 포함한 비전투원의 안전을 확보하기 위해 외교적인 노력을 포함한 모든 수단을 활용한다.

⑥ 정보수집, 경계감시 및 정찰

미일 양국 정부가 국제적인 활동에 참가할 경우 자위대와 미군은 각각의 자산의 능력과 이용 가능성에 입각하여 적절한 경우에 ISR 활동에서 협력한다.

⑦ 훈련 및 연습

자위대와 미군은 국제적인 활동의 실효성을 강화하기 위해 적절한 경우에 공동훈련 및 연습을 실시하고 이에 참가하여 상호운용성, 지속성 및 즉응성을 강화한다. 또한 미일 양국 정부는 지속적으로 동맹과의 상호운용성의 강화, 공통의 전술, 기술 및 절차의 구축에 기여하기 위해 훈련 및 연습에서 동반자와 협력할 기회를 추구한다.

⑧ 후방지원

미일 양국 정부는 국제적인 활동에 참가할 경우 후방지원을 상호 실시하기 위해 협력한다. 일본 정부는 자국의 국내 법령에 따라 적절한 경우에 후방지원을 실시한다.

B. 3개국 및 다국 간 협력

미일 양국 정부는 3개국 및 다국 간 안보 및 방위협력을 추진하고 강화한다. 특히 미일 양국 정부는 지역과 여타 동반자 및 국제기관과 협력하기 위한 활동을 강화하며 이를 위한 추가적인 기회를 추구한다.
또한 미일 양국 정부는 국제법 및 국제적인 기준에 입각한 협력을 추진해야 하며 지역 및 국제기관을 강화하기 위해 협력한다.

6. 우주 및 사이버 공간에 관한 협력

A. 우주에 관한 협력

미일 양국 정부는 우주공간의 안보 측면을 인식하여 책임 있고 평화적이며 안전한 우주의 이용을 확실히 하기 위한 양국 정부 간의 협력을 유지 및 강화한다.

해당 조치의 일환으로 미일 양국 정부는 각각의 우주 시스템이 보유하는 운용지속 능력을 확보하고 우주상황감시에 관한 협력을 강화한다. 미일 양국 정부는 능력을 확립하고 향상시키기 위해 적절한 경우에 상호 지원하고 우주공간의 안전 및 안정에 영향을 미치며 그 이용을 방해할 수 있는 행동 및 현상에 대한 정보를 공유하고 해양감시, 우주 시스템의 능력 및 운용지속 능력을 강화하는 우주 관계 장비 및 기술(호스티드 페이로드를 포함한다)에서 협력의 기회를 추구한다.

자위대와 미군은 각각의 임무를 실효적이고 효율적으로 달성하기 위해 우주를 이용함에 있어 지속적으로 조기경계, ISR, 측위·항법·시각Position, Navigation, Timing, PNT, 우주상황감시, 기상관측, 지휘, 통제 및 통신과 임무의 보증을 위해 불가결하게 관계된 우주 시스템의 운용지속 능력 확보 등의 분야에서 협력하며, 또한 정부 일체로서의 활동에 기여한다. 각각의 우주 시스템이 위협에 노출될 경우 자위대와 미군은 적절한 경우에 위험을 경감하고 피해를 회피하는 과정에서 협력한다. 피해가 발생할 경우, 자위대와 미군은 적절한 경우에 관계 능력을 재구축하는 과정에서 협력한다.

B. 사이버 공간에 관한 협력

미일 양국 정부는 사이버 공간의 안전하고 안정적인 이용의 확보에 기여하기 위해 적절한 경우에 사이버 공간에서의 위협 및 취약성에 관한 정보를 적시에 적절한 방법으로 공유한다. 또한 미일 양국 정부는 적절한 경우에 훈련 및 교육에 관한 모범 사례의 교환을 포함한 사이버 공간에서의 각종 능력 향상에 관한 정보를 공유한다. 미일 양국 정부는 적절한 경우에 민간과의 정보 공유를 포함한 자위대와 미군이 임무를 달성하는 데 기반이 되는 중요 인프라 및 서비스를 방어하기 위해 협력한다.

자위대와 미군은 다음 조치를 취한다.

- 각각의 네트워크 및 시스템을 감시하는 태세 유지
- 사이버 보안에 관한 지식을 공유하고 교육 교류 실시
- 임무보증을 달성하기 위해 각각의 네트워크 및 시스템의 운용지속 능력 확보
- 사이버 보안을 향상시키기 위해 정부가 일체가 되어서 취하는 조치에 기여
- 평시부터 긴급사태까지 어떠한 상황에서도 사이버 보안을 위해 실효적인 협력을 확실하게 실시하기 위해 공동연습 실시

자위대 및 일본에 있어 미군이 이용하는 중요 인프라와 서비스에 대한 사항을 포함하여 일본에 대한 사이버 사안이 발생할 경우 일본이 주체적으로 대처하며 긴밀한 양국 간 조정에 입각하여 미국은 일본에 대해

적절한 지원을 실시한다. 또한 미일 양국 정부는 관련 정보를 신속하고 적절하게 공유한다. 일본이 무력공격을 받고 있는 상황에서 발생하는 사항을 포함하여 일본의 안전에 영향을 미치는 심각한 사이버 사안이 발생할 경우 미일 양국 정부는 긴밀하게 협의하고 적절한 협력행동을 취해 대처한다.

7. 미일 공동 활동

미일 양국 정부는 양국 간 협력의 실효성을 더욱 향상시키기 위해 안보 및 방위협력의 기반으로서 다음의 분야를 발전시키고 강화한다.

A. 방위장비 및 기술협력

미일 양국 정부는 상호운용성을 강화하고 효율적인 취득 및 정비를 추진하기 위해 다음 활동을 실시한다.

- 장비의 공동연구, 개발, 생산, 시험평가와 공통장비의 구성품 및 역무의 상호제공에서 협력한다.
- 상호의 효율성 및 즉응성을 위해 공통장비의 수리 및 정비 기반을 강화한다.
- 효율적인 취득, 상호운용성과 방위장비 및 기술 협력을 강화하기 위해 호혜적인 방위조달을 촉진한다.
- 방위장비 및 기술에 관한 동반자와의 협력 기회를 탐구한다.

B. 정보협력 및 정보보안

● 미일 양국 정부는 공통의 정세인식이 불가결함을 인식하고 국가전략 수준을 포함한 모든 수준에서의 정보협력 및 정보공유를 강화한다.
● 미일 양국 정부는 안보 및 방위에 관한 지적 협력의 중요성을 인식하고 관계기관 구성원의 교류를 심화시키며 각각의 연구 및 교육기관 간의 의사소통을 강화한다. 이와 같은 활동은 안보 및 방위 당국자가 지식을 공유하고 협력을 강화하기 위한 항구적인 기반이 된다.

8. 개정을 위한 절차

미일 안보협의위원회는 적절한 하부 조직의 보좌를 얻어 이 지침이 변화하는 정황에 비추어 적절한지 여부를 정기적으로 평가한다. 미일 동맹관계에 관련한 정세에 변화가 발생하여 그 당시의 상황을 고려하여 필요하다고 인정될 경우 미일 양국 정부는 적시에 적절한 형태로 이 지침을 갱신한다.

〈출처 : 2016 일본방위백서〉

부록 5
일본 해상자위대 관함식 아베 총리 훈시문 (2015년 10월 18일)

오늘 관함식에 임하며, 당당한 모습의 함대, 절도 있는 모습의 항공기, 그리고 높은 숙련도를 자랑하는 대원 여러분의 늠름한 모습을 보면서 자위대의 최고지휘관으로서 매우 든든하고 믿음직하게 생각합니다.

바다에 둘러싸여 바다에 살고, 바다의 안전을 우리 자신의 안전으로 여기는 나라가 바로 일본입니다. 우리에게는 자유롭고 평화로운 이 바다를 지켜낼 책임이 있습니다. 그 숭고한 임무를 여러분은 훌륭하게 해내고 있습니다. 이 넓은 바다 한가운데에서도 파도를 피하지 않고, 한 치의 오차도 없이 바다를 지켜내고 있는 모습을 보니 감격을 금할 수 없습니다.

거센 파도를 두려워하지 않고 난기류를 타고 넘으며 흙투성이가 되어도 오로지 한마음으로 일본의 평화를 지켜온 모든 대원 여러분, 이러한 어려운 임무를 해내야만 하는 길에 스스로의 의지로 나아가 자위대원이 된 여러분이야말로 일본의 자랑입니다.

이번 여름에는 과거 전쟁으로부터 70번째 되는 8월 15일을 맞이했습니다. 이 70년간 일본은 오로지 평화국가로서의 길을 걸어왔습니다. 이는 자위대의 존재 없이는 말할 수 없는 것입니다. 우리 선인들은 변화하는 국제정세 하에서 평화를 지키기 위해, 그리고 평화를 사랑하기 때문에 자위대를 창설한 것입니다.

그러나 안타깝게도 여러분의 선배들은 가슴 아픈 많은 비판을 받아왔습니다. 그중에는 자위대의 존재 자체가 헌법에 위배된다고 하는 말조차 있었습니다. 하지만 그러한 비판에도 여러분의 선배들은 이를 꽉 깨물고 나라와 국민을 지키기 위해 묵묵하게 임무를 다해왔습니다. 지금의 평화는 바로 그 끊임없는 노력 위에 세워진 것입니다.

계속되는 자연재해, 그 현장에는 항상 여러분의 모습이 있었습니다. 지난 달 관동 및 동북지방에 집중호우가 내렸을 때 헬리콥터 부대의 목숨을 건 구조활동, 대피가 늦은 사람들을 구하기 위해 위험도 마다하지 않고 시커먼 물살에 뛰어든 자위대원의 모습은 많은 국민들의 눈에 선명하게 남아 있습니다. 폭설, 지진, 화산분화 등 자위대의 재해파견은 실제로 4만 회에 달하고 있습니다. 그리고 이제 자위대에 대한 국민의 신뢰는 흔들리지 않는 것이 되었습니다. 이러한 자신감을 가지고 앞으로도 어떠한 임무라도 전력을 다해 임해주기를 당부합니다.

우리에게는 또 하나 잊어서는 안 될 8월 15일이 있습니다. "긴급 출격하라!" 16년 전, 8월 15일. 미야기현 신덴바라 기지에 새벽의 고요함을 깨우는 사이렌이 울렸습니다. 국적불명의 항공기가 영공에 접근하여 치카모노 중령과 모리야마 소령은 F-4 전투기로 긴급 출격했습니다. 번개가 내리치는 악천후도, 상승제한 고도에 가까운 높은 하늘도 두 사람은 조금도 두려워하지 않았습니다.

그 이후 "목표물 발견"이라는 목소리가 들렸습니다. 영공침범은 결코 허락하지 않겠다는 두 사람의 강한 결의가 국적불명의 항공기를 퇴거하고 우리나라를 위협으로부터 지켜냈습니다. 하지만 그 직후 갑자기 교신이 끊어졌습니다. 두 사람은 결국 기지로 영원히 돌아오지 못했습니다. "일에 임할 때는 위험을 돌아보지 않고, 온 몸을 다해 책임완수에 힘써 국민의 부름에 부응한다"라는 선서를 저버리는 일 없이, 치카모노 중령과 모리야마 소령은 글자 그대로 목숨을 걸고 자위대원으로서의 강한 사명감과 책임감을 우리에게 보여주었던 것입니다.

아시아·태평양에서 여러분의 확고한 존재가 미국 등의 뜻을 같이하는 민주주의국가들과 함께 냉전을 승리로 이끌었고, 일본의 평화를 지켜왔습니다. 이것은 역사가 증명하고 있습니다.

여러분을 마주할 때마다 저는 한마디의 말이 생각이 납니다. "흰 눈 속의 소나무, 드디어 푸르러…" 눈이 내려 쌓이고 또 쌓여도 푸르른 잎사귀를 굽히지 않는 소나무의 모습처럼 어떠한 어려움에 직면해도 강한 신념을 가지고 맞서는 사람을 칭송하는 말입니다.

오로지 국민을 위해 뜻을 품고, 24시간 365일, 큰 위험도 마다하지 않고 임무를 완수하고자 하는 여러분의 숭고한 각오에 다시 한 번 진심으로 경의를 표합니다. 앞으로도 여러분에게 어떠한 비바람이 닥치더라도 소나무와 같은 모습으로 어떠한 힘들고 어려운 임무도 감내해주기를 당부합니다. 그리고 항상 국민의 곁에서 안심과 용기를 주는 존재가 되어주기를 바랍니다.

저 멀리 아프리카 소말리아 해역, 바다의 대동맥인 아덴만 해역은 과거

연간 200건을 상회하는 해적행위가 발생하던 위험한 바다였습니다. 이 곳을 통과하는 한 선박의 일본인 선장은 해적에 대한 불안감을 이야기 하는 승조원이나 그 가족에게 이렇게 말했다고 합니다.
"해상자위대가 지켜주기 때문에 괜찮다. 안심해도 된다."

올해 드디어 해적행위는 제로가 되었습니다. 여러분의 헌신적인 노력의 결과이자, 전 세계에 자부할 만한 큰 성과입니다. 그리고 전후 처음으로 자위대에서 다국적군 사령관이 탄생했습니다. 이는 지금까지의 자위대의 활동이 국제적으로 높이 평가받고 신뢰받고 있다는 가장 큰 증거입니다.

며칠 전 일본을 방문한 필리핀의 아키노 대통령은 국회에서 연설을 하며 이렇게 말했습니다. "그 옛날 일본 전함 이세함은 사상 최대의 해전에 참가하기 위해 필리핀 해역을 항해하고 있었습니다. 그러나 2년 전 태풍이 왔을 때 같은 이름의 이세함은 구조지원과 배려, 그리고 연대감을 난민들에게 전해주었습니다."

지금까지의 자위대의 국제협력은 틀림없이 세계의 평화와 안전에 큰 공헌을 하고 있습니다. 그리고 또 크게 감사받고 있습니다. 세계가 여러분의 힘에 의지하고 있습니다. 그런 커다란 자부심을 가슴에 안고 보다 더 큰 역할을 해주기를 바랍니다.

한편, 오늘 관함식에는 호주, 프랑스, 인도, 한국, 그리고 미국의 함정이 참가해주었습니다. 모든 승조원 여러분 먼 곳에서 여기까지 참가해주셔서 정말 감사합니다. 또한 오늘은 미국의 항공모함 로널드 레이건 함도 미일 연합훈련 도중 여기에 모습을 보여주었습니다. 동일본 대지진 때 피해지역에 달려와준 친구입니다. 이번 달부터 다시 요코스카를 모항으로 하여 일본을 지켜주게 됩니다.

고맙습니다. 일본에 잘 오셨습니다. 진심으로 환영합니다.

일본은 여러분의 모국을 비롯해 국제사회와 손을 잡고 자유롭고 평화로운 바다를 지켜나가기 위해 최선을 다할 것입니다. 적극적 평화주의의 깃발을 높이 들고, 세계의 평화와 번영을 위해 지금까지보다 그 이상으로 더욱 기여해나갈 것입니다. 평화는 누군가로부터 그저 주어지는 것이 아닙니다. 스스로의 손으로 쟁취해가는 것입니다.

영국의 처칠 수상은 유럽이 뮌헨 회담 등 안이한 유화정책을 거듭하면서 결국 제2차 세계대전으로 이어진 노정을 돌아보며 다음과 같이 말했습니다. "처음에는 모든 것이 쉬웠지만, 나중에는 사태가 점점 심각해졌다. 이번 전쟁만큼 막기 쉬웠던 전쟁은 그 이전에 없었다"라며 반성했습니다.

두 번 다시 전쟁의 참화를 반복해서는 안 됩니다. 그 때문에 우리는 항상 최선을 다하지 않으면 안 됩니다. 국제정세의 변화에 주목하고 필요한 자위적 조치가 무엇인지 생각해야 합니다. 그리고 부단히 억지력을 높여 전쟁을 하지 않겠다는 맹세를 더욱 확고히 지켜나가야 합니다.

우리에게는 그런 큰 책임이 있습니다.

일본을 둘러싼 안전보장환경은 한층 더 복잡해지고 있습니다. 바라건 바라지 않건, 위협은 쉽게 국경을 넘어올 수 있습니다. 이제는 어느 나라도 자국만으로는 대응할 수 없는 시대입니다. 이러한 시대에서도 국민의 생명과 평화로운 삶은 확실히 지켜가야 합니다. 이를 위한 법적 기반이 이번에 성립된 평화안전법제입니다. 적극적인 평화외교도 앞으로 한층 강화해나가겠습니다.

우리의 아이들, 그리고 그 다음 세대의 아이들에게도 전쟁 없는 평화로운 일본을 물려주기 위해, 여러분이 더 큰 임무를 수행해주기를 바랍니다. 저는 여러분과 함께 그 선두에 서서 온 힘을 다해 나아갈 각오가 되어 있습니다.

가족 여러분, 소중한 남편과 아들, 가족을 자위대 대원으로 보내주신 것에 대해 최고지휘관으로서 진심으로 감사드립니다. 여러분의 뒷받침이 있기 때문에 이들이 전력을 다해 국민의 생명과 평화로운 삶을 지킬 수 있는 것입니다. 정말로 감사합니다. 이들이 확실하게 임무를 수행할 수 있도록 만전을 기할 것을 다시 한 번 약속드립니다. 또한 평소부터 자위대에 이해와 협력을 기울여주신 이 자리에 계시는 분들과 관계자 여러분에게도 이 자리를 빌려 감사의 말씀을 전합니다.

대원 여러분, 여러분 앞에는 또다시 거센 물결의 바다가 기다리고 있을 것입니다. 하지만 여러분 뒤에는 항상 여러분을 신뢰하고 여러분을 의지하는 일본 국민들이 있습니다. 저와 일본 국민들은 전국 25만 명의 자위대원들과 항상 함께 있을 것입니다. 그러한 자부심과 자신감을 가슴에 안고 각자의 위치에서 자위대가 해야 할 역할을 완수해주기 바랍니다. 크게 기대하고 있겠습니다.

2015년 10월 18일
자위대 최고지휘관 내각총리대신 아베 신조

부록 6
일본 방위대학교 졸업식 아베 총리 훈시문 (2016년 3월 21일)

오늘 전통 있는 방위대학교 졸업식을 맞이하여, 앞으로 일본 방위의 중추적인 역할을 수행할 제군들의 졸업을 진심으로 축하드립니다. 규율이 바로 서고 늠름한 제군들의 모습을 접하면서 자위대의 최고지휘관으로서 마음 든든하고 대단히 믿음직스럽게 생각합니다. 오늘은 제군들이 간부자위관으로서 새로운 한 발을 내딛는 좋은 시간이기에 한 말씀 드리고 싶습니다.

북한이 핵실험에 이어, 탄도미사일 발사를 강행하는 등 도발행위가 반복되고 있습니다. 일본의 안전에 대한 직접적이고 중대한 위협으로 단연코 용인할 수 없습니다. 일본의 남서방면에는 영공으로의 접근이나 영해로의 침입이 반복되고 있습니다. 국적불명기에 대한 스크램블^{scramble}은 최근 10년간 7배나 증가했고, 외국 함선의 활동도 지속적으로 증가하고 있습니다. 테러의 위협은 전 세계로 확산되고, 더욱 심각해지고 있습니다. 작년에는 일본인도 희생되었습니다. 제군들이 지금부터 마주해야 할 '현실'입니다.

우리가 바라든 바라지 않든 국제정세는 끊임없이 변화하고, 일본을 둘러싼 안전보장환경은 심각성을 더해가고 있습니다. 이 냉엄한 '현실'로부터 시선을 다른 곳으로 돌릴 수는 없습니다.

그러나 어떠한 상황에서도 국민의 생명과 평화로운 생활은 반드시 지켜내야 합니다. 이것은 일본 정부로서 가장 중요한 책임입니다. 책임을 완수하고, 후손에게 평화로운 일본을 물려주기 위해 확고한 기반을 구축해야 합니다. 그것을 깊이 고심한 끝에 내린 결론이 '평화안전법제'입니다.

일에 임할 때는 위험을 무릅쓰고 몸소 책임완수에 힘쓰며, 국민이 맡겨준 책임을 성실히 수행한다. 이 선서의 무거움을, 저는 최고지휘관으로서 항상 마음에 새기고 있습니다.

자위대원에게 주어진 임무는 위험을 동반합니다. 그러나 모든 것은 국민의 위험을 줄이기 위한 것으로 그 임무는 정말 숭고한 것입니다. 그리고 제군들은 이 고난의 길을 스스로 선택한 것입니다. 제군들은 저의 자랑이자, 일본의 자랑입니다.

작년 관동·동북 호우 당시 무시무시한 홍수피해의 현장에도 자위대는 최전선으로 뛰어들었고, 많은 생명을 구해냈습니다. 그 후, 자위대 헬기로 구출된 소년으로부터 한 통의 편지를 받았습니다. 천진난만함이 묻어있고 정성이 담긴 그 편지에는 이렇게 적혀 있었습니다. "저는 어른이 되면 사람을 구하는 자위대원이 되고 싶어요"라고.

자신의 위험은 돌보지 않고 묵묵히 임무를 수행하는 제군들의 모습은, 많은 국민의 눈에 확연히 새겨져 있습니다. 자위대에 대해 좋은 인상을 갖고 있는 국민이 사상 최대로 90%를 넘은 것은 당연한 귀결입니다.

국민은 제군들을 신뢰하고, 많은 의지를 하고 있습니다. 그것을 가슴에 새기고, 제군들은 강한 사명감과 책임감을 가지고 전력을 다해 각자의 임무에 임해주기 바랍니다.

제군들에게 의지하고 있는 것은 일본 국민뿐만이 아닙니다. 매년 2만 척의 선박이 통과하는 세계의 대동맥인 아덴만에서는 세계의 선박들이 자위대에 의지하고 있습니다. 이 해역에서 예전부터 연간 200건 이상 발생하고 있는 해적에 의한 습격은, 작년에 제로가 되었습니다. 세계에 자랑할 만한 큰 성과입니다.

그러한 자위대에 대한 국제적인 높은 평가 위에, 작년에는 전후 처음으로 자위대에서 다국적부대 사령관이 탄생했습니다. 그 사령부에는 타이 왕국의 해군으로부터도 2명의 참모가 파견되었습니다. 2명 모두 "일본 자위대에서 다국적부대 사령관이 부임한다"라는 말을 듣고 사령부 근무를 스스로 지원했다고 합니다.

모두 방위대를 졸업한 제군들의 선배였습니다. 방위대 43기인 파냐시리 중령은 임무 완료 후 이렇게 말했습니다. "부대의 융화·단결을 도모할 수 있었던 것은 방위대학교에서 배운 '와(和)의 정신'을 중시했기 때문이다"라고.

여기 오바라다이小原台(일본 방위대학교가 위치한 곳을 일반적으로 말한다-저자주)에서 엄하고 충실하게 배우고 함께 생활한 강한 유대관계가 전후 첫 임무를 성공으로 인도했고, 큰 원동력이 된 것은 틀림이 없습니다.

오늘 여기에는 인도네시아, 캄보디아, 타이, 한국, 동티모르, 필리핀, 베트남, 그리고 몽골로부터 온 유학생도 있습니다. 꼭 여러분도 우리나라와 함께 세계 평화와 안정을 위해 큰 역할을 해주기를 바랍니다.

간부자위관이 되는 제군들도 국제적인 시야를 갖기를 바랍니다. 자위대가 활약하는 분야는 전 세계에서 비약적으로 확대되고 있습니다. 저는 지금까지 63개국의 지역을 방문했고, 400회가 넘는 정상회담을 해오고 있습니다. 그때마다 대부분 방위협력이 주요 주제가 됩니다. 장비·기술 협력 등 높은 능력을 가진 자위대의 협력이 요구되고 있습니다.

이미 어느 나라도 한 개 국가만으로는 자국의 안전을 지킬 수 없습니다. 그러한 시대에 있어서 전략적인 국제방위협력은 일본의 평화뿐만 아니라, 아시아·태평양 지역, 더 나아가서는 세계의 평화와 안정에 있어서 빠뜨릴 수 없는 것입니다.

세계의 평화는 제군들의 양 어깨에 달려 있습니다. 그 기개를 가지고, 제군들은 세계를 시야에 넣고, 나날이 깊은 연구를 해나가기 바랍니다.

"일본의 자위대에 대단히 감사하고 있습니다."
"일본을 소중하게 생각하세요."
어린 시절부터 할아버지로부터 그렇게 배워온 한 소년은 그 후 군에 입대해서 여기 오바라다이에 유학하는 것을 열망했습니다. 그리고 지금, 제군들의 후배가 되어 있습니다.
캄보디아로부터 온 유학생 피세트 씨의 할아버지는 자위대가 처음 참가한 캄보디아 PKO 때, 현지 경찰관으로서 제군들의 선배들과 함께 일을 했었습니다. 자위대의 공손하고 치밀한 근무태도, 학교나 농촌 어린이들에게 친절했던 자위대원에 대한 추억을 이야기하면서, 할아버지는 항상 이렇게 말씀하셨다고 합니다.

"현재의 캄보디아가 있는 것은 일본 덕분이다"라고.

그로부터 24년 후, 모잠비크, 고란 고원, 동티모르, 게다가 이라크, 네팔, 아이티, 지금 이 순간도 남수단에서 현지인들의 자립을 위해, 세계 평화를 위해 한결같이 땀을 흘리고 있는 자위대원의 모습을 세계가 칭찬하고, 감사하며, 의지하고 있습니다.

그 자위대가 적극적 평화주의라는 깃발 아래, 지금까지보다 더 많이 국제평화에 힘을 다하고 있습니다. 평화안전법제는 세계로부터 지지받고, 높이 평가되고 있습니다. 지난 세계대전의 전장戰場이었던 필리핀을 시작해 동남아시아의 각국, 과거에 교전交戰을 했던 미국이나 서구의 각국으로부터도 강한 지지를 얻고 있습니다. 그 긍지를 가슴에 새기고 자신감을 갖고 새로운 임무에 임해주기를 바랍니다.

오늘 여기로부터, 제군들은 각각의 '현장'으로 첫발을 내딛습니다. 저는 '현장'의 정보를 무엇보다도 중요하게 생각하고 있습니다. 자위대의 운용상황 등에 대해 통합막료장으로부터 시작해서 안전보장위원회에서 매주 보고를 받고 있습니다. 그리고 많은 과제에 대해 '현장'의 정보에 근거해서 의논하고 판단을 내리고 있습니다. 자위대가 언제 어디에서 어떻게 행동을 할까? 제군들이 담당하게 될 '현장'에서 벌어지는 하나하나의 활동이 우리나라의 국익과 직결되어 있습니다. 그것을 명심하고, 지금부터의 임무에 최선을 다해주기를 바랍니다.

안전보장정책의 사령탑인 국가안전보장회의를 시작으로 해서 제 예하에는 장관을 필두로 대령이나 중령을 중심으로 한 20명이 넘는 자위관이 근무하고 있습니다. 고도의 지식과 폭넓은 경험을 살려 타 부처와 일체가 되어 근무하면서 저를 지원해주고 있습니다.

방위대학교는 전쟁 전 육군과 해군의 반목을 극복하는 것을 목표로 육·해·공의 간부후보를 일원화해 교육하여 충분한 성과를 올려왔습니다. 이제는 육·해·공이 일체가 되는 것만으로는 불충분합니다. 자위대, 그 위의 방위성의 틀을 깨고 정부 차원에서 일체가 되어 종합적인 안전보장정책을 추진해가지 않으면 안 됩니다.

제군들도 그러한 넓은 시야를 가지고 임무에 임해주기 바랍니다. 그리고 미래에 제군들 중에서 최고지휘관인 내각총리대신의 왼팔이 되어서, 그 중요한 의사결정을 지원하는 인재가 나와줄 것을 간절히 원합니다. '현장'에서의 경험을 축적해 제군들이 크게 성장해주기를 마음 깊이 원하고 있습니다.

100여 년 전, 쓰시마 해전에서의 역사적인 대승리, 그 '현장'에 관전무관觀戰武官으로서 입회했던 아르헨티나 해군의 마누엘 도메크 가르시아 대령은 그의 보고서에서 일본의 승리 요인에 대해 이렇게 분석하고 있습니다. "쓰시마 해전의 승리는 단지 승리를 얻으려고 하는 소원과 열정만으로 얻어진 것이 아니다. 모든 경계조치를 태만히 하지 않고, 극히 세부적인 부분에 이르기까지 연구한 결과, 손에 넣을 수 있었던 것이다." 그리고 이렇게도 말하고 있습니다. "러일전쟁의 결과는 완벽한 연구와 준비를 했기 때문이다"라고.

어떠한 임무도 충분한 훈련과 만전의 준비 없이는 성공을 거둘 수 없습니다. '현장'에서의 임무는 손쉬운 것이 아닙니다. 새로운 임무에 있어서도 이번에 시행될 평화안전법제에 근거해서 '현장' 대원들이 안전을 확보하면서 적절하게 임무를 수행할 수 있도록 모든 상황을 상정하고 주도면밀하게 준비하지 않으면 안 됩니다. 간부자위관으로서의 길에 첫발을 내딛는 제군들에게 각각의 '현장'에서 빈틈없는 준비에 만전을 기해주기를 당부합니다.

'백연성강百練成鋼'이라는 말이 있습니다. 철鐵을 백 번 단련하면 강철이 되는 것처럼, 연단에, 연단을 더해야 사람은 성장합니다. 어떠한 곤경도 극복해낼 수 있어야 인재가 된다는 뜻입니다.

졸업생 제군 여러분, 아무쪼록 제군들은 일본 국민을 지키는 '백련百鍊의 철鐵'이 되어주기 바랍니다. 그런 마음가짐을 가지고 어떠한 혹독한 훈련이나 임무도 견뎌내고 노력해주기를 당부합니다.

그리고 가족 여러분, 소중한 가족을 대원으로서 보내주신 것에 대해 자위대의 최고지휘관으로서 감사드립니다. 맡겨주신 이상, 확실히 임무수행이 가능하도록 지도하겠습니다.

마지막으로, 학생의 교육에 진력해온 고쿠분國分 학교장을 비롯한 교직원 여러분에게 경의를 표함과 동시에 평소에 방위대학교를 이해해주시고 협력해주신 내빈, 가족 여러분에게 진심으로 감사드립니다. 졸업생 제군들의 앞으로의 활약, 그리고 방위대학교의 발전을 기원하며 훈시를 마칩니다.

2016년 3월 21일
자위대 최고지휘관 내각총리대신 아베 신조

한국국방안보포럼(KODEF)은 21세기 국방정론을 발전시키고 국가안보에 대한 미래 전략적 대안을 제시하기 위해 뜻있는 군·정치·언론·법조·경제·문화 마니아 집단이 만든 사단법인입니다. 온·오프라인을 통해 국방정책을 논의하고, 국방정책에 관한 조사·연구·자문·지원 활동을 하고 있으며, 국방 관련 단체 및 기관과 공조하여 국방 교육 자료를 개발하고 안보의식을 고양하는 사업을 하고 있습니다. http://www.kodef.net

일본 해상자위대, 과거의 영광 재현을 꿈꾸는가
키워드로 이해하는 세계 최정상 해군력, 해상자위대의 실체

초판 1쇄 인쇄 2016년 5월 31일
초판 1쇄 발행 2016년 6월 10일

지은이 류재학 · 배준형
펴낸이 김세영

펴낸곳 도서출판 플래닛미디어
주소 04035 서울시 마포구 월드컵로8길 40-9 3층
전화 02-3143-3366
팩스 02-3143-3360
블로그 http://blog.naver.com/planetmedia7
이메일 webmaster@planetmedia.co.kr
출판등록 2005년 10월 4일 제313-2005-00209호

ISBN 978-89-97094-92-9 03390